惠安的鸟

HUI'AN DE NIAO

刘荣成　刘继龙
惠安县林业局　编著

中国林业出版社

图书在版编目（CIP）数据

惠安的鸟／刘荣成，刘继龙编著.—北京：中国林业出版社，2009.11

(中国惠安生态文化系列)

ISBN 978-7-5038-5527-6

Ⅰ. 惠… Ⅱ.①刘…②刘… Ⅲ.鸟类－简介－惠安县 Ⅳ.Q959.708

中国版本图书馆CIP数据核字（2009）第203294号

封面题字 赵学敏

出 版 中国林业出版社（100009 北京市西城区德内大街刘海胡同7号）
网 址 www.cfph.com.cn
E-mail cfphz@public.bta.net.cn 电话：（010）66185764
发 行 新华书店北京发行所
印 刷 北京市达利天成印刷装订有限责任公司
版 次 2009年12月第1版
印 次 2009年12月第1次
开 本 787mm×1092mm 1/16
印 张 16.25
字 数 406千字
印 数 1～3 000册
定 价 128.00元

《惠安的鸟》

编辑委员会

序

PREFACE

惠安，这块古老而神奇的土地，孕育着千余年的历史沧桑和文化沉淀，是福建省著名的侨乡和台湾同胞的主要祖籍地，素有“石雕之乡”、“建筑之乡”、“渔业强县”之美誉。

然而，由于历史上人们对大自然无节制的索取，过去的惠安地瘠人贫，草木难长，沿海风沙侵蚀、山体岩石裸露，被人谑称为“臭头山县”、“地瓜县”。改革开放以来，尤其近年来，随着惠安经济社会各项事业的快速发展，县委、县政府始终牢固树立科学发展观，坚持环境保护和生态建设的基本国策，把建设生态惠安、绿色惠安、和谐惠安放在重要位置。经过多年努力，一批溪流、海堤、山体得到了集中整治，封山育林、非规划林地造林、森林公园建设方兴未艾，黄塘溪、蔗潭溪、林辋溪等重新焕发生机，成为全国水土保持生态环境建设示范县。昔日的荒山秃岭披上了“绿装”，风沙肆虐的大地织上了“绿网”，钢筋水泥鳞次栉比的城区造上了“绿园”，一个“点、线、面”

相结合，“乔、灌、草”互搭配的森林生态网络体系基本构成，一座具有特色的现代沿海森林生态城市、“国家园林县城”昂然屹立在海峡西岸。登高望焉，大地峰峦叠翠，水清如许，果繁花茂，一派欣欣向荣！

实践证明，坚持科学发展、倡导绿色生活，共建生态文明关系百万惠安人民的长久福祉。一直以来我们致力于弘扬生态文明，在文化交流交融中谋共识，用文化阐述生态，让生态融入生活，共同建设山清水秀的美好家园，蒙本邑专家学者不辞辛劳，呕心沥血，究乔灌树种，考名木古树，描野鸟水禽，叙湿地红树，写盆景木雕，述乡土旅游，书生态文化，载林业文明，“中国惠安生态文化系列”丛书得以结集出版。这是惠安生态文化建设的一大盛事，谨此致以热烈的祝贺！

欢欣鼓舞，父老同感，爰书数言，以为序。

中共惠安县委员会书记
惠安县人民政府县长

前 言

FOREWORD

绿树成荫，鸟语花香是人类与自然和谐的情景写照。改革开放以来，尤其是2000年以来，惠安县林业生态建设步伐加快，生态环境得到不断改善，森林景观越来越丰富多彩。惠安树多了，花多了，鸟也多了。为了让人们了解惠安的植树造林绿化环境和生境恢复后丰富的鸟类情况，可以更享受、更热爱自然，达到人鸟和谐的世界，作为中国惠安生态文化系列丛书之一，继《惠安常见树木》出版之后，紧接着又将出版《惠安的鸟》。

《惠安的鸟》，汇总各方面专家学者近20年的野外调查资料，总结了惠安境内鸟类236种，隶属18目46科，其中国家重点保护野生动物28种，省重点保护野生动物27种。由于收集照片有限，本书仅能提供226种（其它没有图片的种类有：栗鸢、鹰鹃、噪鹃、草鸮、褐林鸮、

小白腰雨燕、锈脸钩嘴鹛、灰眶雀鹛、日本树莺、棕扇尾莺），以飨读者。《惠安的鸟》的出版，得到中国林业出版社的大力支持，承蒙原国家林业局副局长、中国野生动物保护协会会长赵学敏题词，中共惠安县委书记、惠安县人民政府县长林万明拨冗作序，同时《惠安的鸟》的资料收集、整理、完善，始终得到福建省野生动植物保护管理中心的支持与指导，书中鸟类照片的采集，得到福建省观鸟协会和厦门观鸟协会的大力支持，另台湾陈加盛先生、秦皇岛刘学忠先生提供了部分鸟类照片，本书鸟类分类依据《中国鸟类种和亚种分类名录大全》（郑作新著），在此一并致谢。

由于学识与能力有限，书中错漏在所难免，敬请读者批评指正。

编　者

2009年夏

CONTENTS 目录

第一部分
惠安鸟类概述

第一节 鸟类概况

惠安地处福建省东南沿海突出部，位于东经118°37′～119°05′，北纬24°49′～25°07′，介于泉州湾和湄州湾之间，北接泉州市泉港区，西与泉州市洛江区毗邻，西南、南隔泉州湾与泉州市丰泽区、石狮市相望，东隔湄州湾与莆田市秀屿区相对，东南临台湾海峡。

惠安属南亚热带海洋性气候，温暖湿润、雨量充沛、阳光充足、四季分明，且冬短夏长、冬无严寒、夏无酷暑，年平均气温20.1℃，全年≥10℃的积温6616℃，无霜期306天。雨季集中，多在3～6月，其他季节较少雨，年降水量1241mm，累计年平均蒸发量2022.8mm，降水量低于蒸发量的多达10个月，干旱时间长，年平均相对湿度为77%。全年多风，主要风向为东北风，全年225日，历年平均风速为4.0m/s，瞬间最大达33m/s，8级以上大风103天。灾害性天气为台风、风暴潮、旱、涝。

惠安地貌属于东南沿海低山丘陵区，地势由西北向东南倾斜，由低山过渡到丘陵、台地和平原，地形以丘陵、台地为主。长乐—南澳断裂带经肖厝—螺城—屿头斜贯中部。全县最高峰笔架山海拔752m。海岸曲折，多港湾，大小岛屿40多个。

惠安县在动物地理区划上处于东洋界华南区的闽广沿海亚区，属南亚热带海洋性气候，温暖湿润、雨量充沛、阳光充足、冬短夏长。境内多丘陵、台地和溪流，且海岸曲折、滩涂广阔，多港湾和岛屿，是鸟类南迁北归过境栖息的良好驿站和越冬

场所。多样的生态类型孕育了丰富的鸟类资源，福建省的鸟种超过半数在本县境内有历史分布记录。但是，由于本县人多地少，土地和水域开发强度大，森林、湿地等生态系统在历史上遭受较大破坏，滩涂湿地的红树林曾经破坏殆尽。1949 年前全县森林覆盖率仅 2%，风沙侵蚀和水土流失严重，山体岩石裸露，草木难长，加上环境污染和乱捕滥猎等诸多负面因素的影响，本县鸟类资源曾一度锐减，一些珍稀鸟种销声匿迹，甚至麻雀等常见鸟种也难觅踪迹。

20 世纪 90 年代末以来，县委、县政府领导人民群众大力实施生态保护和恢复工程，加强城乡一体化建设和全民义务植树活动，林业部门每年坚持开展“爱鸟周”、“保护野生动物宣传月”、“湿地日”、“植树节”等宣传活动，昔日的荒山秃岭、荒滩湿地重新披上了“绿装”，良好的生态环境促进了人与自然的和谐发展。在丘陵山区，受益于森林植被的持续改善，森林和灌丛鸟类种类和数量均呈现快速增长态势。滩涂、农田、河流等湿地鸟类在经历长期下降趋势后，近 10 年来亦随着红树林植被的恢复以及沿海防护林体系和农田防护林体系的建设，种群数量呈现稳步上升态势，黑脸琵鹭等珍稀鸟类重现泉州湾，从城镇到乡村处处可见百鸟争鸣的盛世景象。

本书共收录本县鸟类 226 种，隶属 18 目 46 科，其中国家重点保护野生动物 24 种，省重点保护野生动物 27 种。留鸟最多，有 84 种，占总种数 37.2%；其次为冬候鸟，有 77 种，占总种数 34.1%。繁殖鸟（即留鸟和夏候鸟）共 110 种，占总种数 48.7%，其中东洋界种类为 98 种，占繁殖鸟类 89.1%；古北界种类为 9 种，占繁殖鸟类 8.2%；广布种 3 种，占繁殖鸟类 2.7%，东洋界的繁殖鸟占绝对优势，这与中国动物地理区划相吻合。此外，本县气候温暖，又地处东亚—澳大利西亚鸟类迁徙通道上，不仅是迁徙鸟类南来北往重要的“驿站”，也是北方高纬度繁殖鸟类很好的越冬地，候鸟（即夏候鸟、冬候鸟和旅鸟）多达 147 种，占总种数 62.3%，其中古北界种类远多于东洋界，古北界候鸟共 115 种，占候鸟总种数的 78.2%。泉州湾是极为重要的水鸟迁徙和越冬地，2005 ~ 2006 年冬季，在此越冬的各种水鸟总数达 12 500 多只，居福建省各海湾第二位，占当年度全省沿海湿地越冬水鸟总量的 11.6%，该河口湿地也是鹭类重要的繁殖地。

地球孕育生命，大地滋生万物，鸟类是“宇宙的天使”，它们不仅对维护生态平衡有着重要的意义，而且以其绚丽多彩的羽毛、婉转悦耳的鸣叫、矫健轻盈的体态，美化了大自然，给人类带来无穷的乐趣和创作灵感。《惠安的鸟》一书旨在普及鸟类科普知识，宣传保护鸟类的重要意义，呼唤人们关注鸟类和它们生存的家园，激发广大民众爱鸟护鸟的积极性。“漠漠水田飞白鹭，阴阴夏木啭黄鹂。”是诗人王维所描绘的田园旖旎风光，也是我们今天所提倡的人与自然和谐相处的世界观。让我们共同携起手来，关注自然，保护森林和湿地，呵护鸟类，把海峡西岸的惠安县建设成为鸟语花香、莺歌燕舞的美丽家园！

第二节　惠安观鸟

一、观鸟年历与路线

惠安一年四季可以观察到的鸟类有各种猛禽、雀类、鹭类、椋鸟类、伯劳类、文鸟类以及画眉、红嘴相思鸟、暗绿绣眼鸟、珠颈斑鸠等。在森林公园、笔架山、黄塘溪沿岸等都可观赏到。

12 月至翌年 2 月

是观赏水鸟的最好时期，在惠安沿海一带尤其是洛阳江、五一垦区、鲤鱼岛区域可以观赏到大量的候鸟，以雁鸭类、鸻鹬类为主，常见有黑腹滨鹬、红嘴鸥、大杓鹬、赤颈鸭、绿翅鸭、环颈鸻、白腰杓鹬、普通鸬鹚等。

到开阔的郊野地区或山上树林中，尤其是科山森林公园、笔架山、文笔山森林公园等，可观赏到翠鸟类、椋鸟、棕背伯劳、鹡鸰、山雀、莺、鹀类等到处飞翔觅食，在水库上可见到鸊鷉和鸭类等。

3 ~ 5 月

候鸟北迁，雁鸭类已基本迁离惠安，每天还可以看到成群迁徙停歇的鸻鹬类、鸥类，时常可以幸运地观测到黑脸琵鹭、黑嘴鸥等珍稀鸟类。

留鸟的繁殖季节进入热闹阶段，可以听到多种鸟类重复不断地叫鸣，此时也是观察猛禽的最佳时期。

5 ~ 8 月

鸟类繁殖季节，惠安科山森林公园和鲤鱼岛是鹭类的繁殖地，每年这一时期，在科山森林公园都可以观察到成群的夜鹭。

8 ~ 11 月

惠安是鸟类南迁北归过境栖息、觅食的良好驿站和越冬场所，期间可以观察到雁鸭类和部分鸻鹬类。

在山上草丛中，偶尔可以观察到褐翅鸦鹃和雉鸡等。

二、观鸟必备

1. 望远镜

个人需要准备一台 7 ~ 10 倍的双筒望远镜，比较通用的是 8×42 规格；需要远距离观看水鸟的，还应配备 20 ~ 60 倍的单筒望远镜。

2. 鸟类图鉴

国内可以购买到的有关鸟类图鉴有：

(1)《中国鸟类野外手册》：英国牛津大学出版社出版的《A Field Guide to the Birds of China》的中译本，由湖南教育出版社 2000 年 6 月出版发行。

(2)《中国野鸟图鉴》：由台湾翠鸟文化公司 1996 年出版；收录中国鸟类 1253 种，每种鸟图都有特征提示线。

(3)《香港及华南鸟类》：这是一本适合在中国南方野外工作使用的工具书，每个物种除了有生物学、生态学特征描述外，还有野外识别和观测要点。

3. 记录用具

(1) 记录本要求小巧方便，结实易翻页，无需按压，无格便于绘图。

(2) 笔无须笔帽，笔迹不易褪色，持久耐用。

4. 服饰衣帽

——不穿红、黄、橙、白等颜色鲜艳醒目的服装，选择能配合野外环境色彩的服装，如绿、灰、褐色的棉布服装或者迷彩服。提倡穿长裤、长衣，可以抵御野外的蚊虫。

——以轻便舒适为主，以便双手能灵活操作望远镜，服装要备有大口袋便以放置图鉴。

——头戴深色圆帽，具有遮阳、伪装的双重效果。

5. 其他物品

除上述必备物品之外，其他物品（如登山鞋、雨鞋、药品、背包等）视个人需要和观鸟地点具体情况而定。

三、观鸟方法

1. 行进观察

在森林、草地、果园、农田、河边、海湾等环境中沿路缓慢行走，边走边搜索观察鸟类。观鸟最好顺光观察，早上从东向西行进，傍晚由西向东行进。

2. 定点观察

待在某个地点不动，观察周围的鸟类。比如，选择溪流水潭，有花卉果实的树木地点隐蔽，观察前来饮水、洗浴、觅食的鸟类及其行为。

3. 观鸟天气与时机

要选好天气。一般而言，鸟类喜欢在晴朗无风的天气觅食活动，阴雨天和刮风天气不常活动。

要抓住黄金时间。春夏季节，鸟类在日出后两小时和日落前两小时最为活跃；在秋冬季节以及海拔较高的山区，鸟类活动时间会推迟，需要根据具体情况调整。

观看水鸟，还需要计算潮位，一般半潮位最适合观测。潮位最低时，滩涂太广，水鸟距离太远不易识别；潮位最高时，很多水鸟会分散到周边的洼地、农田、盐场、池塘等地停留不便观测。

秋冬迁徙季节，每遇冷空气南下，也是观看水鸟的好时机，此时湿地水鸟数量往往剧增。

4. 观察与记录

要细致观察，详细记录，以增加观鸟的收获。在观察时有些不能确定的鸟类可以记录下来，回去之后再慢慢查阅；一些不寻常的现象，记录下来或许是一个新发现。观鸟记录非常重要，要坚持长期的记录，不断地总结，可以帮助你建立自己的观鸟知识系统。

5. 观鸟行为准则

(1) 尊重鸟类，保护环境

- 尽可能在公路、小路和小径上停留观鸟，与所观察鸟类保持足够的安全距离，减少对鸟类正常活动和栖息地的干扰。
- 拍摄鸟类应采用自然光，以免惊吓它们。
- 不要大声喧哗，或制造声响如音乐、敲击等，破坏大自然的宁静。
- 避免使用录音回放和其他方法招引鸟类。
- 鸟类繁殖期间观鸟应远离鸟巢、营巢鸟群、雏鸟、求偶场所和重要取食地。
- 保护环境，不要在野外丢弃对环境有害的物品。只带走照片，只留下脚印。
- 对社会和媒体公开某些稀有鸟类之前，要评估公开后对该鸟及环境可能造成的不利影响。稀有濒危鸟类的营巢地只能报告给动物学家和政府主管部门。

(2) 遵守法律，尊重他人权利

无论是在城市乡村，还是在国内海外，观鸟活动都要注意遵守有关的法律、法规和条例。

- 进入自然保护区等自然保护地，应当依法取得政府有关部门的许可。
- 未获得所有者或者经营者同意，不要随意进入他人的山林、果园、鱼塘、牧场等地观鸟，以免发生不必要的纠纷。
- 组团观鸟时，团队规模应限制在不影响环境和干扰他人的范围内，通常以10人之内为宜。领队要确保每个队员都了解和遵守有关规定。
- 尊重同伴，分享交流知识和经验，对初学的观鸟者应该给予特别的帮助。
- 不要与同伴大声说话或喋喋不休地聊天，不要高声叫喊。动作尽量轻缓，不做突然迅速的动作。需要走近观察时，行走要慢而轻，随时注意鸟的行为，如果发现鸟紧张不安，应立即停止，等鸟恢复平静后再根据具体情况举镜观察或继续接近。

结伴观鸟时，先发现鸟的人需要把鸟的位置告诉同伴。告诉鸟的位置不要用手挥舞指点，通常的做法是把面前的空间想像成一个大表盘，鸟所在位置用表盘上钟点的位置来表示，先告诉位置，再告诉距离，如“位置在 9 点方向，距离 120m”。

四、观鸟技巧

（一）鸟类的形态识别特征

鸟类形态特征包括很多方面，如体型、形态、喙形、趾形、翼形、尾形、羽色等，在野外识别鸟类要迅速抓住容易观察的特征。

1. 体型大小和形态

体型大小是野外观察识别鸟类需要首先抓住的特征。用常见的人们熟悉的鸟类大小作为参考标准，记住它们的长度，以此作为与所观察鸟类比较大小的参照，得出所观察鸟类的大概长度，这种方法比在头脑里用一把想像中的尺子估计鸟的长度更为有效。像柳莺大小的鸟有：树莺、太阳鸟、绣眼鸟、戴菊、鷦鹩等；与麻雀相似的有：鹀、鹨、文鸟、山雀、燕雀、金翅等；像鸽子大小的鸟有：岩鸽、斑鸠、黄鹂、杜鹃、鸫等；像喜鹊的鸟有：灰喜鹊、红嘴蓝鹊、乌鸦、松鸦等；与野鸭相似的鸟有：鸊鷉、雁、天鹅等；与鹭相似的鸟有：鳽、鸻、鹬、鹳、鹤等；像鹰的鸟有：隼、雀鹰、鸢、鹞、鵟、鹫等。

除了体型大小之外，鸟类身体的形态也是识别鸟类的重要依据。如鹡鸰、山椒鸟的身体纤细修长，白骨顶、紫水鸡体形短钝圆胖，翠鸟、八色鸫的身体短粗。

2. 喙的形态

喙的形态是很好的识别特征。鸟类的食性不同，喙的形态也不同，通过将喙的形态与功能结合起来，可以更好地记忆各种鸟喙的形态。长而直：鹳、鹤、鹭、沙锥、啄木鸟、翠鸟、白鹭等；长而向下弯曲：戴胜、杓鹬、鹮、钩嘴鹛、太阳鸟等；呈锥形：锡嘴雀、蜡嘴雀、朱雀、金翅雀等；扁而阔：夜鹰、雨燕、家燕等；锐利带钩：鹰、隼、雕、鹗、伯劳等。

3. 后肢的形态

后肢的形态十分重要，但在野外观察时往往受到限制。后肢较长的鸟类：鹭、鹤、苇鳽、鸻、鹬等，它们的喙和颈也很长，特征明确；后肢较短的鸟类：啄木鸟、鹦鹉、夜鹰、杜鹃、雨燕等一些攀禽。

4. 趾的形态

趾的形态也是重要的识别特征。例如，鹳与鹭外形相似，但前者后趾高，不能着地，也不能栖树，后者后趾强大，与前趾位于同一水平，适应于栖树握枝。

5. 翼的形态

不同鸟类的翼形态各异。如燕子、雨燕的翼尖长，八哥、鸫的翼短圆，雕、鹫的翼宽长阔大。当鸟类在空中慢飞或翱翔时，容易观察其翼形。对于一些难以接近的鸟，靠翼形的特征可以进行初步分类。鹰和隼在翼形上有着明显的区别，鹰的翼多是圆形，隼的翼是尖长的，在高空飞翔时一目了然。家燕和雨燕的翼均为尖形，但家燕的翼具明显的翼角，雨燕的翼角不明显，翼长呈粗镰刀状。

6. 尾的形态

尾的形态和长短也是辨认鸟类的重要标志。有些种类的尾形具有明显特征，仅靠一枚尾羽就可分辨到种，如：长尾雉、白鹇、白腹锦鸡、红腹锦鸡、马鸡类、红嘴蓝鹊、寿带等。有些鸟的尾极不发达，也成为辨认工具，如：鹧鸪、鹌鹑、鸊鷉、丽鸫、三趾鹑。鸟类尾形可以分为平尾、圆尾、凸尾、尖尾、凹尾、叉尾等诸多类型，对野外鉴别有重要意义。如鸥和燕鸥在尾形上有明显差别，前者为平形尾，后者为叉形尾；黑卷尾和发冠卷尾体色和体形上都十分相似，两者的尾均呈叉状，但黑卷尾的外侧羽尾只向外侧卷曲，而发冠卷尾的外侧羽尾不仅是向外侧弯曲，而且向背方弯曲。

7. 颜色

在观察鸟羽颜色的时候，首先要注意鸟体的主要颜色，即全身以什么颜色为主，然后尽

量快速准确地注意头、颈、尾、翅、胸、腹、腰等部位的颜色，并注意抓住一两点最突出的特征。对于头顶、眉纹、贯眼纹、眼周、翅斑、腰羽、尾端等处的羽色也要特别注意。

（1）全为黑色的鸟：鸬鹚、噪鹃、乌鸦、黑卷尾、发冠卷尾、乌鸦、小隼等。

（2）几乎全为白色的鸟：天鹅、白鹭、白琵鹭、朱鹮、白马鸡等。

（3）黑白两色相嵌的鸟：白鹳、黑鹳、黑冠鹃隼、凤头潜鸭、白翅浮鸥、白鹇、大斑啄木鸟、鹊鹞、喜鹊、寒鸦、八哥、家燕、鹊鸲、黑短脚鹎、白鹡鸰等。

（4）以灰色为主的鸟：灰鹤、杜鹃、岩鸽、原鸽、大杜鹃、中杜鹃、四声杜鹃、普通鳾等。

（5）灰白两色相嵌的鸟：白头鹤、白枕鹤、苍鹭、夜鹭、银鸥、红嘴鸥、白胸苦恶鸟、燕鸥、白额燕鸥、灰山椒鸟等。

（6）以蓝色为主的鸟：蓝马鸡、蓝翡翠、普通翠鸟、和平鸟、蓝翅八色鸫、红嘴蓝鹊、蓝歌鸲、蓝矶鸫、铜蓝鹟、大仙鹟、蓝鹀等。

（7）以绿色为主的鸟：绯胸鹦鹉、栗头蜂虎、绿啄木鸟、大拟啄木鸟、红嘴相思鸟、绣眼、柳莺等。

（8）以红色或锈红色为主的鸟：红腹锦鸡、朱背啄花鸟、黄腰太阳鸟、朱雀（雄）、北朱雀（雄）、红交嘴雀（雄）、栗色黄鹂、红隼、棕背伯劳、普通夜鹰等。

（9）以黄色为主的鸟：黄斑苇鳽、大麻鳽、黄鹂、黄鹡鸰、黄雀等。

（10）胸、腹部：红胸啄木鸟的胸部有红色斑纹，黄腹啄木鸟腹部则有大的黄斑。

（11）翼斑、翼带：八哥、灰树鹊有白色翼斑，柳莺翼带的条数往往是鉴别种类的重要参数。

（12）腰部：小白腰雨燕的腰为白色，金腰燕的腰部为栗红色。

（13）尾部：红尾鸲和一些鹟科鸟类的识别往往要看尾羽的色彩和斑纹。

（14）足趾：中白鹭和白鹭在体型大小和羽色上都极为相似，其区别在于白鹭的趾杂有黄色，而中白鹭的趾全为黑色。

8. 头部特征

注意鸟的头顶、额、颊、喉是什么颜色，有无冠纹、眼纹、颊纹，有无颈环等。

（二）鸟类的行为识别特征

1. 觅食

不同种类的鸟因喙形、食性的不同而有不同的觅食行为。野鸭常在水面浮游，用扁平具梳齿的喙从水中滤取食物。绣眼鸟、太阳鸟和一些小型的画眉科鸟类常倒悬身体吸吮花蜜。

环颈鸻、金眶鸻等鸻科鸟类喜欢在江、河、湖、海边的沙滩活动，常迅速奔跑、急停啄食。红脚鹬、瓣蹼鹬等鹬科鸟类在浅水淤泥中不停地旋转身体，让水流形成小漩涡，从中觅食。翠鸟静静地停在溪流水潭或水塘边树干上，看见小鱼浮出水面，急速俯冲到水面用嘴把鱼叼走。鹟和卷尾在停息点观察过往昆虫，发现食物，飞入空中捕捉后又回到停息点。红隼常在空中定点鼓翼，然后俯冲捕捉猎物。

2. 摆尾

鸟走动或停息时，尾羽也有不同的动作。鹡鸰走动时常常上下摇动尾羽；矶鹬刚停下会剧烈摆动尾羽；伯劳停息时尾会抽动或划圆圈；红尾水鸲、白顶溪鸲的尾会展开并上下急剧摆动；扇尾鹟在树干上活动时，尾巴会像扇子一样反复打开、合拢。

3. 停息

鸟停息的地点和姿势也可作为认鸟的线索。观察鸟停息时要注意其身体的角度，是直立、水平，还是倾斜；停息的地点是树梢、地面，还是某些物体的顶端。蓝矶鸫停息时常挺直身体站立。星鸦、山椒鸟经常出现在树冠或树梢的顶部。岩鹨常出现在地面或岩石上。伯劳、部分鸲和一些鹟喜欢在突出物如树桩上停息。鹊鸲常在树上或房屋顶上昂首翘尾。

4. 行走

鸟的行走方式有步行、跳跃，或兼而有之。鸠、鸽类皆双脚交互落地行走。麻雀和许多生活在灌木丛中的鹛类只会双脚跳跃前进。八哥、乌鸦步行、跳跃都有。啄木鸟能在树干上攀附向上跳行，但却不能头向下沿树干下行。䴓不仅可沿树干向上行进，而且也能头朝下向下行进。旋木雀常沿树干作螺旋形向上攀爬行进。

5. 飞行

鸟类飞行的方式多种多样。红隼飞行时鼓翼多而翱翔少，在空中常会定点鼓翼悬停。褐河乌、翠鸟紧贴水面做直线飞行。白鹡鸰、灰鹡鸰、黄鹡鸰、啄木鸟飞行路线起伏呈波浪状。鹟、卷尾从停息地点跃起捕食后返回原地，飞行路径呈不规则的曲线。小云雀能够垂直升起、降落。鸢起飞、降落都会盘旋飞行。鹪鹩和鹛类通常仅做短距离的飞行。沙锥受惊飞起时拍翅很急，边飞边鸣。野鸭飞行时急速拍翅，常发出哨音。鹭科鸟类拍翅缓慢，飞行时颈部呈“S”形。雁鸭、鹳及鹤飞行时颈部笔直前伸。雕、鹫翼形宽阔，能长时间不扇动翅膀在空中滑翔。毛脚鵟飞行时常有迎风收缩翼角的动作。雁鸭类和鹤类飞行时常编成“一”字或“人”字形队伍。鸻和鹬结群飞行时爬高、俯冲、转弯动作整齐一致。

6. 鸣叫

鸟类的集群、报警、个体间识别、占据领域、求偶炫耀、交配等行为都和鸣叫有关。许多行为的完成都伴有特定的叫声，多种鸟的鸣叫存在着特异性，可以作为野外识别的依据。对于鸟类的叫声要注意音频的高低，鸣叫的节律、音色等特点。

单调粗厉的鸣叫声：大嘴乌鸦为“啊——”；小嘴乌鸦为“哇——”；绿头鸭为“嘎—嘎—嘎—”；绿啄木鸟为“哈——哈——”；环颈雉为“咯——咯——”；鹭、鹤、雁的鸣声都不悦耳。

嘹亮重复音节的鸣叫声：普通夜鹰的“哒、哒、哒—”；普通翠鸟的“嘀、嘀、嘀—”；白鹡鸰的“叽呤、叽呤—”；白胸苦恶鸟的“苦恶、苦恶—”；大杜鹃的“布谷、布谷—”；大山雀的“仔仔嘿——”；冕柳莺的“驾驾吉——”；红角鸮的“王刚，王刚哥—”；四声杜鹃的“割麦割谷”等，这些都是非常容易辨别的典型叫声。

尖细颤抖的鸣叫声：小鹏鹏为“嘟、噜、噜、噜——”；太平鸟、燕雀、金翅等小型鸟类

边飞边鸣，发出似摩擦金属或昆虫振翅、既颤抖又尖细的声音。

婉转多变的鸣叫声：绝大多数雀形目鸟类的鸣叫韵律丰富，悠扬悦耳，各具特色，如百灵、云雀、画眉、红嘴相思鸟、红点颏、乌鸫、八哥、白头鹎等，黄鹂还能发出似猫叫的声音。

五、有关名称解释

古北界（Palaearctic realm）：一个以欧亚大陆为主的动物地理分区。它涵盖整个欧洲、北回归线以北的非洲和阿拉伯、喜马拉雅山脉和秦岭以北的亚洲。

古北界是面积最大的一个动物地理区。古北界面积广阔，生态条件多样，大部分地区过去属于劳亚古陆，与旧热带界接壤的部分则原属冈瓦那古陆，现今算是古北界和旧热带界的过渡区域。作为面积最大且自然环境非常多样的动物区系，现在古北界的范围在史前时期曾经是很多动物类群的演化中心，但很多地区在冰期受到较大的影响，目前则拥有大面积的寒冷和干旱地区，自然条件比较恶劣，动物种类相对贫乏。全北界的面积几乎相当其他各界的总和，但是物种却只占世界的一小部分。

东洋界（Oriental realm）：是东南亚的动物地理分区。它包括印度、马来西亚、秦岭以南的亚洲、印度尼西亚西部、新几内亚附近的岛屿。

东洋界种是指东洋界特有种或主要分布于东洋界的种类；古北界种是指古北界所特有或主要分布于古北界的种类；广布种则是指世界性分布或跨界分布的种类。

候鸟：指一年中随着季节的变化，定期沿相对稳定的迁徙路线，在繁殖地和越冬地之间做远距离迁徙的鸟类。候鸟的迁徙通常为一年两次，一次在春季，一次在秋季。春季的迁徙，大都是从南向北，由越冬地区飞向繁殖地区。秋季的迁徙，大都是从北向南，由繁殖地区飞向越冬地区，但是几乎没有一种鸟是从它的繁殖地区笔直地飞往越冬地区的，而且中途还要多次在合适的驿站做停留。各种鸟类每年迁徙的时间是很少变动的。迁飞的途径也都是常年固定不变的，而且往往沿着一定的地势，如河流、海岸线或山脉等飞行。许多种鸟类，南迁和北徙是经过同一条途径。各种鸟类迁徙的途径是不相同的。

冬候鸟：冬季在某一地区越冬，翌年春天飞往北方繁殖，到秋季又飞临这一地区越冬的鸟，就该地区而言，称为冬候鸟。

夏候鸟：夏季在某一地区繁殖，秋季离开到南方较温暖地区过冬，翌春又返回这一地区繁殖的候鸟，就该地区而言，称为夏候鸟。

旅鸟：候鸟迁徙时，途中经过某一地区，不在此地区繁殖或越冬，这些种类就称为该地区的旅鸟。

留鸟：终年留居于其栖息区以内的鸟，统称为留鸟。留鸟一般终年栖息于同一地域，或者仅有沿着山坡的短距离迁移现象。

迷鸟：在迁徙过程中，由于狂风或其他气候条件巨变，使其漂离通常的迁徙路径或栖息地偶然到异地的鸟。

漫游鸟：漫游亦称“游荡或游猎”，是一种无规律的活动。游荡似乎主要是由于外部食物条件的波动所造成的。游猎活动大多局限于一些猛禽和海洋鸟类。

换羽：鸟类经过紧张辛劳的繁殖期，羽毛逐渐变旧、磨损或折断，因此，大多数鸟类在幼鸟离巢飞走以后便开始换羽。换羽过程有一定的顺序，缓慢而对称地进行，以不致完全丧失飞翔能力。但此期间飞翔能力极弱，所以换羽期间鸟类多隐蔽生活。换羽的顺序，通常先从尾羽和飞羽开始，最后换体部羽毛。有些鸟换羽时，左右翅在同一时间内对称地脱落羽毛。以保持与体的平衡，如燕鸥。也有些鸟类，如鸭科鸟类等，在换羽时飞羽同时脱落，失去飞翔能力，多集群藏匿生活，渡过它们一年中最危险、最困难的时期。换羽次数，大多数每年在繁殖后更换一次，燕子及一些猛禽在冬季换羽，也有一些鸟类除秋季完成换羽外。在繁殖前还有一次部分分期换羽。

繁殖：春天来临，绝大多数鸟类不再像冬天那样喜欢群居生活，而是各自忙于选择理想的地方求偶筑巢。在繁殖期间，每一对鸟都要占有一块地盘作为活动和取食的范围并在其中筑巢，这块区域叫巢区。有了巢区，鸟就不需为寻找食物而长途跋涉，可避免在同种之间相互干扰，这对孵卵和育雏都有好处。巢区由雄鸟选择占据，其大小各不相同，主要与食源的多少有关。雄鸟发情比雌鸟早，常在巢区内鸣啭，还用炫耀羽毛和特殊的姿态动作吸引雌鸟并向雌鸟求爱。通常雄鸟有保护巢区的行为，不准其他同种个体进入，如果在发情的雄鸟巢区内放一个同种雄鸟的剥制标本，再播放此鸟鸣叫的声音，会使这只雄鸟大声鸣叫，甚至发生攻击行为。大多数鸣禽只是在发情期间结成配偶，也有些鸟类（如鹤类、雁类等）其配偶关系可以长期保持。

鸟类在占领巢区、选好配偶之后，就开始筑巢安家。多数鸟类筑巢由雌鸟独自承担，也有雌雄鸟共同筑巢的，如家燕等。鸟巢的主要作用是保持亲鸟孵化的体温，也有利于亲鸟育雏。雄鸟羽色特别艳丽的鸟类多由雌鸟孵卵，两性羽色差别不大的鸟类一般雌雄都参加孵卵。鸟体和卵接触的部分羽毛脱落，形成孵卵斑。该处的敞血管发达，皮肤温度高，能促进卵的孵化。卵的孵化期，小型鸟为 13 ～ 15 天，中型鸟类为 20 ～ 25 天，大型鸟类需更长的时间。鸟类的雏鸟可分为早成鸟和晚成鸟。早成鸟在孵出时已经充分发育，眼已睁开。腿脚有力，全身被有丰富的绒羽，在绒羽干燥后，就能跟随亲鸟啄食。大多数地栖鸟或游禽，如鹑、雉、鹤、海鸥、雁、天鹅、野鸭等鸟的幼鸟均属早成鸟。晚成鸟出壳时尚未发育，颈软无力，眼不能睁开，不能行走，全身光裸或只有少量的绒羽，需要由亲鸟喂养，继续在巢内完成发育过程。雀形目鸟类和攀禽、猛禽等的幼鸟属于晚成鸟。鸟类抚育幼鸟的行为是一种本能。亲鸟在育雏期间十分紧张，每天喂食活动要用 16 ～ 19 个小时，每天喂食往返，如大山雀近百次，斑啄木鸟高达 120 次。亲鸟衔食归来踩动树枝或巢时，幼雏就产生伸头张口反应，显示口腔内特别鲜明的颜色，如红色或黄色，以激发亲鸟的喂食本能。不张口的雏鸟，亲鸟不喂食。食虫鸟喂食时，亲鸟直接把食物送到雏鸟的口中。海鸥、信天翁、鸠鸽类等大中型鸟类用反刍出来的粥状食糜来饲喂雏鸟。雏鸟留巢的时间，鸣禽几乎和孵化期相等，一般在 28 天后才能独立生活。离巢的雏鸟，嘴和跗蹠几乎到了全长，体重已接近于成年雌鸟，体色也和雌鸟相似，但仍保留一些幼鸟的特征，如嘴角有黄色，尾较成鸟短，羽毛较深暗等，又常结成小群活动，鸣叫声比较尖细。

鸟类迁徙：是指鸟类中的某些种类，每年春季和秋季，有规律地、沿相对固定的路线、定时地在繁殖地区和越冬地区之间进行长距离往返移居的行为现象。

第二部分
惠安鸟类图鉴

1 红喉潜鸟

（林 植 摄）

英 文 名： Red-throated Diver

拉丁学名： *Gavia stellata*

形态特征： 体长约61cm。嘴直尖而稍侧扁，嘴峰较平直。脚短，位于躯体后端。繁殖羽成鸟的脸、喉及颈侧灰色，有一栗色带自喉中心伸至颈前成三角形，颈背多具纵纹；上体其余部位黑褐无白色斑纹，下体白。非繁殖羽成鸟的颏、颈侧及脸白色，上体近黑而具白色纵纹。虹膜红色，嘴绿黑色，脚黑色。

分布状况： 在古北界较冷的地区繁殖，向南迁徙越冬，包括中国东部。

生活习性： 栖于海滨及附近湖泊一带，主食鱼类。

保护级别： 福建省重点保护野生动物

季 节 型： 冬候鸟

地 理 型： 古北界

2 小䴙䴘

（黄 海 摄）

（何 川 摄）

英 文 名： Little Grebe
拉丁学名： *Tachybaptus ruficollis*
形态特征： 体长约27cm，体态矮扁而深色。繁殖羽颊和颈栗色，头顶及颈背深灰褐，上体褐色，下体偏灰，具明显黄色嘴斑；非繁殖羽大致淡黄褐色。虹膜黄色，嘴黑色，脚蓝灰，趾尖浅色。
分布状况： 欧亚大陆、非洲、中国大部分地区。
生活习性： 喜在苇塘、湖泊、沼泽及涨过水的稻田中活动。
保护级别： 福建省重点保护野生动物
季 节 型： 冬候鸟
地 理 型： 广布种

3 凤头䴙䴘

（何 川 摄）

英 文 名： Great Crested Grebe

拉丁学名： *Podiceps cristatus*

形态特征： 体长约50cm。头顶、颈上部及头侧羽毛形成长束状冠羽，呈黑褐色沾棕色光泽。颈部羽毛延长成栗色翎领。眼先中央有一块皮肤裸出。颊、喉黄白色。背、肩和腰部黑褐色，并染棕褐色。外侧肩羽白色。下体羽自下喉部以后均呈银白色，体侧褐色。雌鸟体羽类似雄鸟，羽色不如雄鸟鲜艳。虹膜近红色，嘴黄色，下颚基部带红色，嘴峰近黑；脚近黑色。

分布状况： 欧亚大陆、大洋洲、非洲。

生活习性： 栖于湖泊和江河中。善潜水，常潜入水中觅食，以各种水生昆虫、鱼、虾为食。

保护级别： 福建省重点保护野生动物

季 节 型： 冬候鸟

地 理 型： 古北界

4 普通鸬鹚

（何　川　摄）

英 文 名： Great Cormorant

拉丁学名： *Phalacrocorax carbo*

形态特征： 体长约86cm。躯体偏黑色闪光。嘴长而前端钩状，具喉囊，脸部裸露皮肤黄色，喉颊白色。尾圆短而硬直，繁殖期颈及头饰以白色丝状羽，两胁具白色斑块。亚成鸟体深褐色，下体污白。虹膜蓝色，嘴黑色，下嘴基黄色；脚黑色。

分布状况： 几乎遍及全球。

生活习性： 繁殖于湖泊中砾石小岛或沿海岛屿。在水里追逐鱼类，常停栖在岩石或树枝上晾翼，飞行时常排列成行。

保护级别： 福建省重点保护野生动物

季 节 型： 冬候鸟

地 理 型： 古北界

5 苍鹭

（何 川 摄）

英 文 名： Grey Heron

拉丁学名： *Ardea cinerea*

形态特征： 体长约92cm。具嘴长、颈长、腿长鹭鸟特征。成鸟过眼纹及冠羽黑色，飞羽、翼角及两道胸斑黑色，头、颈、胸及背白色，颈具黑色纵纹。幼鸟的头及颈灰色较重，但无黑色。虹膜黄色，嘴黄绿色，脚偏黑。

分布状况： 欧亚大陆、非洲。

生活习性： 在浅水中捕食，常在田边、湖边、沼泽及海岸等有浅水的地方站立，站立时，颈缩至两肩间，飞行时翼显沉重。

保护级别： 福建省重点保护野生动物

季 节 型： 冬候鸟

地 理 型： 广布种

西塞山前白鹭飞，桃花流水鳜鱼肥。——唐·张志和《渔歌子》

6 绿 鹭

（陈加盛 摄）

英 文 名： Green-Backed Heron

拉丁学名： *Butorides striatus*

形态特征： 体长约46cm。细小而深灰色的鹭类，成鸟顶冠及松软的长冠羽闪绿黑色光泽，一道黑色线从嘴基部过眼下及脸颊延至枕后，两翼及尾青蓝色并具绿色光泽，羽缘皮黄色。幼鸟深褐灰色，翼上有白点，下体有粗条纵纹。虹膜黄色；嘴黑色；脚偏绿。

分布状况： 除欧洲外，世界各地几乎都有分布。

生活习性： 性孤僻羞怯。栖于池塘、溪流及稻田，也栖于芦苇地、灌丛或红树林等有浓密覆盖的地方。结小群营巢。

保护级别： 福建省一般保护野生动物

季 节 型： 夏候鸟

地 理 型： 东洋界

观鸟小技巧： 鹭类是最常见的涉禽，通常体型较大，活动觅食的地方多在开阔的浅水沼泽区。鹭类夏羽和冬羽不同，一些种类繁殖期会长出形态特殊的羽毛，称为饰羽或婚羽，还会改变羽色。鳽与鹭不同，全在水草丛生的地方活动，行踪隐蔽，羽色与生活环境相似。有些还会拟态，休息时颈和嘴朝上伸得笔直，将自己模拟成芦苇枝，不易发现。观看这类鸟时要仔细搜索水草丛中的每一个地方。常见的有栗苇鳽、黄斑苇鳽和大麻鳽。各种鹳、鹮和鹤都属于大型涉禽，喜欢在开阔的沼泽湿地、河岸沙滩和海湾、鱼塘等处活动。

7 池鹭

（姜克红 摄）

（林　晨 摄）

（何　川 摄）

英 文 名： Chinese Pond Heron
拉丁学名： *Ardeola bacchus*
形态特征： 体长约46cm。繁殖季节头及颈深栗色，胸紫酱色。冬季站立时具褐色纵纹，飞行时翼白色而背部深褐。虹膜褐色；嘴黄色（冬季）；腿及脚绿灰色。
分布状况： 世界各地。
生活习性： 栖于稻田或其他漫水地带，单独或成分散小群进食。每晚三两成群飞回群栖处，飞行时振翼缓慢，翼显短。繁殖季节常与其他鹭类集体在树上筑巢。
保护级别： 福建省一般保护野生动物
季 节 型： 夏候鸟
地 理 型： 东洋界

8 牛背鹭

（何　川 摄）

（黄　海 摄）

英 文 名： Cattle Egret

拉丁学名： *Bubulcus ibis*

形态特征： 体长约51cm。繁殖季节羽色鲜明橙色和白色，平常黑色的脚亦变得黄绿。冬季体白，与其他鹭的区别在体型较粗壮，颈较短而头圆，嘴较短厚，站立时有驼背的感觉。虹膜黄色；嘴黄色；脚暗黄至近黑。

分布状况： 世界各地。

生活习性： 常立于牛背上或与牛一起活动，伺机捕食从草地上惊飞的昆虫。常见于农耕地和荒草地。夜晚群栖高大乔木和竹林中，也与其他鹭类混群栖息。

保护级别： 福建省一般保护野生动物

季 节 型： 夏候鸟

地 理 型： 东洋界

9 大白鹭

（姜克红 摄）

（何 川 摄）

英 文 名： Large Egret

拉丁学名： *Egretta alba*

形态特征： 体长约90cm。具嘴长、颈长、腿长鹭鸟特征。白色鹭中体型最大，嘴较厚重，颈部具特别的扭结。繁殖羽脸颊裸露皮肤蓝绿色，嘴黑，飞行振翅慢而有力，脖子缩成“S”形。腿部裸露皮肤红色，脚黑。非繁殖羽脸颊裸露皮肤黄色。虹膜黄色；嘴黄而嘴端常为深色；脚及腿黑色。

分布状况： 世界各地。

生活习性： 一般单独或成小群，在湿润或漫水的地带活动。飞行姿态优雅，振翅缓慢有力。

保护级别： 福建省重点保护野生动物

季 节 型： 夏候鸟

地 理 型： 东洋界

10 白 鹭

（何 川 摄）

（姜克红 摄）

英 文 名： Little Egret

拉丁学名： *Egretta garzetta*

形态特征： 体长约61cm。具嘴长、颈长、腿长鹭鸟特征。体纤瘦，嘴及腿黑色，趾黄色，繁殖羽颈背具细长饰羽，背及胸具蓑状羽。脸部裸露皮肤黄绿色，繁殖期为淡粉色。虹膜黄色；嘴黑色；腿及脚黑色，趾黄色。

分布状况： 东半球。

生活习性： 喜稻田、河岸、沙滩、泥滩及沿海小溪流，食鱼、蛙、蛇及甲壳类动物等。繁殖期集群且常与其他鹭类混群，巢以粗枝嫩条等筑于高树或竹林巅处。

保护级别： 福建省重点保护野生动物

季 节 型： 夏候鸟

地 理 型： 东洋界

两个黄鹂鸣翠柳，一行白鹭上青天。——唐·杜甫《绝句》

11 黄嘴白鹭

（何 川 摄）

英 文 名： Chinese Egret

拉丁学名： *Egretta eulophotes*

形态特征： 体长约68cm。具嘴长、颈长、腿长鹭鸟特征。繁殖羽有长冠羽，嘴黄色，脸部裸露皮肤蓝色，腿黑色，脚趾黄色。非繁殖羽没有冠和饰羽，脚、嘴和脸皮变成黄绿色。虹膜黄褐色。

分布状况： 亚洲东部。

生活习性： 常栖于苇塘、水田、沼泽、河口及沿岸沙洲。食物以鱼、虾为主，也吃一些甲壳类、软体动物和昆虫等。不停地在浅水中追逐猎物。

保护级别： 国家二级重点保护野生动物

季 节 型： 夏候鸟

地 理 型： 东洋界

12 岩 鹭

（林 植 摄）

英 文 名： Reef Heron

拉丁学名： *Egretta sacra*

形态特征： 体长约58cm。具嘴长、颈长、腿长鹭鸟特征。有两种色型：灰色型较常见，体羽灰色并具短冠羽，近白色的颏在野外清楚可见。白色型与非繁殖羽的黄嘴白鹭相似，但黄色的嘴末端微黑，脚黄绿色。虹膜黄色；嘴浅黄；脚绿色。

分布状况： 印度洋东部，太平洋西部。

生活习性： 偏好多岩石的海滨，通常隐蔽地静候捕食猎物。

保护级别： 国家二级重点保护野生动物

季 节 型： 夏候鸟

地 理 型： 东洋界

13 中白鹭

（何　川　摄）

英 文 名： Intermediate Egret

拉丁学名： *Egretta intermedia*

形态特征： 体长约70cm。具嘴长、颈长、腿长鹭鸟特征。繁殖羽背及胸部有饰羽，头上无明显饰羽。非繁殖羽嘴黄色尖端微黑。虹膜黄色；嘴黄色，端褐色；腿及脚黑色。

分布状况： 亚洲、非洲、大洋洲。

生活习性： 喜稻田、湖畔、沼泽地、红树林及沿海泥滩，常在水中捕食蛙和水生昆虫。

保护级别： 福建省重点保护野生动物

季 节 型： 夏候鸟

地 理 型： 东洋界

花开红树乱莺啼，草长平湖白鹭飞。——宋·徐元杰《湖上》

14 夜鹭

（何 川 摄）

英 文 名： Black-crowned Night Heron

拉丁学名： *Nycticorax nycticorax*

形态特征： 体长 61cm。中等大小，体形矮胖。成鸟顶冠黑色，颈及胸白，背黑，两翼及尾灰色，繁殖季节枕部有 2 ~ 3 条丝状羽。幼鸟出生第一年，上体暗褐色，有明显的淡黄斑点，下体有纵纹，之后斑点逐渐消失，出生第三年变得较灰。虹膜亚成鸟黄色，成鸟鲜红；嘴黑色；脚污黄。

分布状况： 世界各地。

生活习性： 白天群栖树上休息。黄昏时鸟群分散进食，发出深沉的呱呱叫声。取食于稻田、草地及水渠两旁。结群营巢于水上悬枝，甚喧哗。

保护级别： 福建省一般保护野生动物

季 节 型： 留鸟

地 理 型： 东洋界

15 黄苇鳽

（林 植 摄）

英 文 名： Yellow Bittern

拉丁学名： *Ixobrychus sinensis*

形态特征： 体长约38cm。成鸟顶冠黑色，上体淡黄褐色，下体皮黄色，黑色的飞羽与皮黄色的覆羽成强烈对比；亚成鸟似成鸟但褐色较浓，全身满布纵纹，两翼及尾黑色。虹膜黄色，眼周裸露皮肤黄绿色；嘴绿褐色；脚黄绿色。

分布状况： 亚洲东部。

生活习性： 栖于沼泽、苇塘和稻田中。

保护级别： 福建省重点保护野生动物

季 节 型： 夏候鸟

地 理 型： 东洋界

16 栗苇鳽

（林　植　摄）

英 文 名： Cinnamon Bittern

拉丁学名： *Ixobrychus cinnamomeus*

形态特征： 体长约41cm。飞羽红褐色为显著特征，惊起时直线飞行，脚伸直在后面。成年雄鸟上体栗色，下体黄褐色，喉及胸具由黑色纵纹而成的中线，两肋具黑色纵纹，颈侧具偏白色纵纹。雌鸟色暗，褐色较浓。亚成鸟下体具纵纹及横斑，上体具点斑。虹膜黄色；嘴黄色，嘴基部裸露皮肤橘黄色；脚绿色。

分布状况： 亚洲东部。

生活习性： 性羞怯孤僻，白天栖于稻田或草地，营巢在芦苇或深草中。

保护级别： 福建省一般保护野生动物

季 节 型： 夏候鸟

地 理 型： 东洋界

17 白琵鹭

（何 川 摄）

英 文 名： White Spoonbill

拉丁学名： *Platalea leucorodia*

形态特征： 体长约84cm。躯体白色。嘴长而端部匙状似琵琶。脸部裸露皮肤黄色，自眼先至眼有黑色线。亚成体翼末端黑色，嘴粉红色。颈和腿修长。虹膜红色或黄色；嘴灰色，末端黄色；脚近黑。

分布状况： 欧亚大陆、非洲。

生活习性： 喜泥泞水塘、湖泊或泥滩，在水中缓慢前进，嘴往两旁甩动以寻找食物。一般单独或成小群活动。

保护级别： 国家二级重点保护野生动物

季 节 型： 冬候鸟

地 理 型： 古北界

18 黑脸琵鹭

（何　川　摄）

（杨　金　摄）

英 文 名： Black-faced Spoonbill

拉丁学名： *Platalea minor*

形态特征： 体长约 76cm。躯体白色，颈和腿修长，嘴长而端部匙状似琵琶，脸部裸露皮肤黑色。繁殖季节胸、颈及枕部会长出金黄色的饰羽，十分亮丽。亚成体翼末端黑色，嘴粉红色，脸部裸露皮肤黑色面积较小。虹膜褐色；嘴灰黑色；脚黑色。

分布状况： 亚洲东部，数量极为稀少，2009 年 1 月全球同步调查数量仅为 2041 只。

生活习性： 喜泥泞水塘、湖泊或泥滩，在水中缓慢前进，嘴往两旁甩动以寻找食物。一般单独或成小群活动。

保护级别： 国家二级重点保护野生动物

季 节 型： 冬候鸟

地 理 型： 古北界

19 针尾鸭

（何　川　摄）

英 文 名： Pintail

拉丁学名： *Anas acuta*

形态特征： 体长约55cm。尾长而尖。雄鸟头棕，喉白，两肋有灰色扇贝形纹，尾黑，中央尾羽特长延，两翼灰色具绿铜色翼镜，下体白色。雌鸟黯淡褐色，上体多黑斑，下体皮黄，胸部具黑点，两翼灰色，翼镜褐色。虹膜褐色；嘴蓝灰；脚灰色。

分布状况： 全北界、非洲。亚洲北部繁殖，中国南部越冬。

生活习性： 喜沼泽、湖泊、大河流及沿海地带。常在水面取食，有时探入浅水。

保护级别： 福建省一般保护野生动物

季 节 型： 冬候鸟

地 理 型： 古北界

观鸟小技巧： 大多数雁鸭类白天漂浮在开阔的深水区休息，而清晨和黄昏到近岸浅水区觅食，所以观察野鸭和雁类宜选择清晨和黄昏，在岸边找好隐蔽物，定点观察。观察游禽最好选择那些既有深水区，又有浅水区，水草丰茂，食物丰富，水质清洁，沿岸多湾汊，有小片芦苇丛，岸上有树木、灌丛，能为观鸟者提供隐蔽的水域。

20 绿翅鸭

（何　川　摄）

英 文 名： Green-winged Teal

拉丁学名： *Anas crecca*

形态特征： 体长约35cm。躯体细小，颈短，飞行快速，绿色翼镜在飞行时显而易见。雄鸟有明显的金属亮绿色，带皮黄色边缘的绿色贯眼纹横贯栗色的头部，肩羽上有一道长长的白色条纹，深色的尾下羽外缘具皮黄色斑块，其余体羽多灰色。雌鸟褐色斑驳，腹部色淡。虹膜褐色；嘴灰色；脚灰色。

分布状况： 指名亚种繁殖于我国东北地区及新疆西北部的天山。冬季迁至中国北纬40°以南的大多数非荒漠地区。地区性常见鸟。美洲亚种 *carolinensis* 在日本及香港有过记录。

生活习性： 成群栖于湖泊、池塘或滩涂，常与其他水禽混杂。飞行时振翼极快。

保护级别： 福建省一般保护野生动物

季 节 型： 冬候鸟

地 理 型： 古北界

21 罗纹鸭

（何 川 摄）

英 文 名： Falcated Duck

拉丁学名： *Anas falcata*

形态特征： 体长约50cm。雄鸟头大，头顶栗色，头侧绿色闪光的冠羽延垂至颈项，黑白色的三级飞羽长而弯曲，在体侧垂下，喉及嘴基部白斑点显眼。雌鸟暗褐色，头及颈色浅，两胁略带扇贝形纹。虹膜褐色；嘴黑色；脚暗灰。

分布状况： 亚洲东部。

生活习性： 喜结大群，停栖水上，常与其他水禽混合。

保护级别： 福建省一般保护野生动物

季 节 型： 冬候鸟

地 理 型： 古北界

22 绿头鸭

（何 川 摄）

英 文 名： Mallard

拉丁学名： *Anas platyrhynchos*

形态特征： 体长约58cm。雄鸟头及颈深绿色带光泽，白色颈环使头与栗色胸隔开。雌鸟褐色斑驳，有深色的贯眼纹。虹膜褐色；嘴黄色；脚橘黄色。

分布状况： 全北界、非洲。在中国繁殖于西北和东北地区，越冬于西藏西南及北纬40°以南的华中、华南广大地区，包括台湾。地区性常见鸟。

生活习性： 多见于湖泊、池塘及河口。

保护级别： 福建省一般保护野生动物

季 节 型： 冬候鸟

地 理 型： 古北界

23 斑嘴鸭

（何　川　摄）

英 文 名： Spot-billed Duck

拉丁学名： *Anas poecilorhyncha*

形态特征： 体长约60cm。躯体深褐色，头颈部相对色浅，喉及颊皮黄色，头顶及枕部深褐色，站立时可见到白色的三级飞羽。雌雄同色，但雌鸟和幼鸟颜色较暗。虹膜褐色；嘴黑而末端黄色；脚珊瑚红色。

分布状况： 印度、缅甸、东北亚及中国。

生活习性： 栖于湖泊、河流及沿海红树林和泻湖。

保护级别： 福建省一般保护野生动物

季 节 型： 冬候鸟

地 理 型： 古北界

24 赤膀鸭

（刘学忠 摄）

（刘学忠 摄）

英 文 名： Gadwall

拉丁学名： *Anas strepera*

形态特征： 体长约50cm。雄鸟灰褐两色混合，臀部黑色，飞行时次级飞羽具白斑及腿橘黄为其主要特征。雌鸟嘴侧橘黄，腹部及次级飞羽白色。虹膜褐色；嘴繁殖期雄鸟灰色，其他时候橘黄色但中部灰色；脚橘黄。

分布状况： 全世界，非洲、亚洲北部部分地区繁殖，中国中部及东南部越冬。

生活习性： 栖于开阔的淡水湖泊及沼泽地带，极少出现于沿海港湾。

保护级别： 福建省一般保护野生动物

季 节 型： 冬候鸟

地 理 型： 古北界

25 赤颈鸭

（何　川　摄）

英 文 名： Wigeon

拉丁学名： *Anas penelope*

形态特征： 体长约48cm。雄鸟头栗色而带皮黄色冠羽，体羽余部多灰色，两胁有白斑，腹白，尾下覆羽黑色，飞行时白色翅羽与深色飞羽及绿色翼镜成对照。雌鸟通体棕褐或灰褐色，腹白，飞行时浅灰色的翅覆羽与深色的飞羽成对照。虹膜棕色；嘴小而灰色；脚灰色。

分布状况： 南方越冬。在中国繁殖于东北或西北地区，冬季迁至北纬35°以南包括中国台湾及海南的广大地区。

生活习性： 与其他水鸟混群于湖泊、沼泽及河口地带。

保护级别： 福建省一般保护野生动物

季 节 型： 冬候鸟

地 理 型： 古北界

26 白眉鸭

（刘学忠 摄）

（刘学忠 摄）

英 文 名： Garganey

拉丁学名： *Anas querquedula*

形态特征： 体长约37cm。雄鸟头巧克力色，具宽阔的白色眉纹，胸、背棕而腹白，肩羽形长，黑白色，翼镜为闪亮绿色带白色边缘。雌鸟褐色的头部图纹显著，腹白，翼镜暗橄榄色带白色羽缘。虹膜榛栗色；嘴黑色；脚蓝灰。

分布状况： 欧亚大陆、非洲。在中国于东北部繁殖，中部和南部越冬。

生活习性： 冬季常结大群。时常见于沿海泻湖。白天栖于水上，夜晚进食。

保护级别： 福建省一般保护野生动物

季 节 型： 旅鸟

地 理 型： 古北界

27 琵嘴鸭

（何 川 摄）

英 文 名： Shoveller

拉丁学名： *Anas clypeata*

形态特征： 体长约50cm。显著特征是末端呈匙状的大嘴比头部还长。雄鸟腹部栗色，胸白，头深绿色而具光泽。雌鸟褐色斑驳，尾近白色，贯眼纹深色。飞行时浅灰蓝色的翼上覆羽与深色飞羽及绿色翼镜成对比。虹膜褐色；嘴繁殖期雄鸟近黑色，雌鸟橘黄褐色；脚橘黄色。

分布状况： 全北界、非洲。亚洲北部繁殖，中国东部和南部越冬。

生活习性： 喜沿海的泻湖、池塘、湖泊及红树林沼泽。

保护级别： 福建省一般保护野生动物

季 节 型： 冬候鸟

地 理 型： 古北界

28 红头潜鸭

（何 川 摄）

英 文 名： Common Pochard

拉丁学名： *Aythya ferina*

形态特征： 体长约45cm。雄鸟躯体淡灰色，带黑色蠕虫状细纹，头部红褐色，胸部和尾部黑色。雌鸟背灰色，头、胸及尾近褐色，眼周皮黄色。虹膜雄鸟红，雌鸟褐；嘴灰色而端黑；脚灰色。

分布状况： 欧亚大陆、非洲。在中国繁殖于西北地区，冬季迁至华东及华南地区。

生活习性： 栖于有茂密水生植被的池塘及湖泊。

保护级别： 福建省一般保护野生动物

季 节 型： 冬候鸟

地 理 型： 古北界

29 凤头潜鸭

（何　川　摄）

（何　川　摄）

英 文 名： Tufted Duck

拉丁学名： *Aythya fuligula*

形态特征： 体长约43cm。嘴大而阔，头带特长羽冠，游泳姿态轻盈，尾部贴在水面上。雄鸟黑色，腹部及体侧白。雌鸟深褐，两胁褐而羽冠短。飞行时二级飞羽呈白色带状。尾下羽偶为白色。雌鸟有浅色脸颊斑。雏鸟似雌鸟但眼为褐色。虹膜黄色；嘴及脚灰色。

分布状况： 欧亚大陆、非洲。在中国繁殖于东北地区，南部越冬。

生活习性： 常见于湖泊及深池塘，潜水找食，飞行迅速。

保护级别： 福建省一般保护野生动物

季 节 型： 冬候鸟

地 理 型： 古北界

30 红胸秋沙鸭

（刘学忠 摄）

（刘学忠 摄）

英 文 名： Red-breasted Merganser

拉丁学名： *Mergus serrator*

形态特征： 体长约53cm。嘴细长而带钩，具锯齿，丝质冠羽长而尖。雄鸟黑白色，两侧多具蠕虫状细纹，胸部棕色，条纹深色；雌鸟及非繁殖期雄鸟色暗而褐，近红色的头部渐变成颈部的灰白色。虹膜红色；嘴红色；脚橘黄色。

分布状况： 全北界、印度、中国，越冬于东南亚。黑龙江北部有繁殖，冬季经中国大部地区至中国东南沿海省份，到台湾越冬。

生活习性： 喜结群活动于湖泊、池塘及湍急河流，潜水捕食鱼类。

保护级别： 福建省重点保护野生动物

季 节 型： 冬候鸟

地 理 型： 古北界

31 黑翅鸢

（林　晨 摄）

英 文 名： Black-winged Kite

拉丁学名： *Elanus caeruleus*

形态特征： 体长 28 ～ 35cm。通体淡灰或白色，嘴强健，先端钩曲。明显特征为黑色的肩部斑块及形长的初级飞羽。成鸟头顶、背、翼覆羽及尾基部灰色，脸、颈及下体白色。亚成鸟微带褐色。趾端的钩爪强大而锋利。虹膜红色；嘴黑色，蜡膜黄色；脚黄色。

分布状况： 非洲、欧亚大陆南部。

生活习性： 常见于开阔低地及山区，喜立在死树或电线柱上，也似红隼悬于空中。

保护级别： 国家二级重点保护野生动物

季 节 型： 冬候鸟

地 理 型： 古北界

观鸟小技巧： 猫头鹰是鸮形目鸟类的俗称，属夜行性猛禽。多在夜晚活动，可根据叫声判断种类。如：雕鸮的叫声是低沉的“嗡嗡、嗡嗡”，领角鸮的叫声是“呕、呕”，鹰鸮的叫声是“呼呜、呼呜”。观察猫头鹰最好的时间是黄昏和天黑后，一般先根据叫声确定位置，然后用强光手电或强力观察灯搜索，猫头鹰的眼睛在灯光的照射下有很强的反光，容易发现；找到猫头鹰后，让灯光照着它，抓紧时间观察辨认；一旦观察辨认清楚，马上移开灯光或将灯光关闭，避免长时间用强光照射它。观察猫头鹰时注意不能在同一区域多人轮流使用强光照射，以免影响它们的正常繁殖和觅食活动。

32 黑冠鹃隼

（杨　金 摄）

英 文 名： Black-crested Baza

拉丁学名： *Aviceda leuphotes*

形态特征： 体长32cm的黑白色鹃隼。嘴强健，先端钩曲。黑色的长冠羽常直立头上。整体体羽黑色，胸具白色宽纹，翼具白斑，腹部具深栗色横纹。趾端的钩爪强大而锋利。虹膜红色；嘴角质色，蜡膜灰色；脚深灰。

分布状况： 印度南部至中国南部。

生活习性： 栖于开阔有林的低地。成对或成小群活动，多于晨曦和黄昏时分活动，振翼做短距离飞行至空中或于地面捕捉大型昆虫。

保护级别： 国家二级重点保护野生动物

季 节 型： 夏候鸟

地 理 型： 东洋界

观鸟小技巧： 昼行猛禽主要指白天活动的隼形目猛禽，包括鹫、雕、鹰、鵟、鸢、鹞、隼等不同类群。它们的种群数量本身比较稀少，而且常常飞得很高，因而在野外搜寻它们需要一定的技巧：大多数猛禽在天气晴朗的上午9点到下午4点之间最为活跃，常在空中盘旋飞翔。在视野良好的山顶或悬崖观察。注意观察山脊上方的天空。注意白云下的黑点。仔细搜寻大树的枯枝。认真观察粗树枝上突出的黑影。

33 黑鸢

（林 植 摄）

英 文 名： Black Kite

拉丁学名： *Milvus migrans*

形态特征： 体长约60cm。嘴强健，先端钩曲。全身大都暗褐色，上体暗褐杂以棕白色，下体灰棕色带黑褐色纵纹。翅下左右各具一白斑。浅叉型尾为本种识别特征。趾端的钩爪强大而锋利。虹膜棕色；嘴灰色，蜡膜黄色；脚黄色。

分布状况： 欧亚大陆东部。

生活习性： 喜开阔的乡村、城镇及村庄，优雅盘旋或做缓慢振翅飞行。

保护级别： 国家二级重点保护野生动物

季 节 型： 留鸟

地 理 型： 广布种

观鸟小技巧： 很多猛禽都是雌鸟大雄鸟小，羽色斑纹差异明显，容易被误认为两个不同种，而且幼鸟、亚成鸟和成鸟的羽色、斑纹也常有明显差异，有些种类的羽色甚至还有深色型、淡色型和普通型的差异，因此辨认很困难。要注意如下几点：(1) 注意大小。红隼、松雀鹰、黑翅鸢的大小与鸽子相似，凤头鹰、苍鹰、普通鵟的大小与乌鸦差不多。(2) 比较翼形和尾形。翼窄长、尾长者为鹞；翼宽短、尾长者为鹰或鹞；翼窄长、末端尖、尾长者为隼。胡兀鹫的尾呈楔形。黑鸢尾略凹入，呈浅叉状。(3) 认真观察羽色特征。先观察猛禽主体羽色，再看条纹或横斑的形状、数目及粗细，特别注意观察喉纹、颊纹、眼纹、翼斑，有无羽冠等。栗鸢体色以栗红色为主，普通鵟的翼下有明显的白色块斑和黑斑。黑翅鸢通体以青灰色为主，两翼角处有大块黑斑。(4) 注意行为特点。蛇雕常常边飞边叫，凤头鹰飞行时会将翅下压抖动。兀鹫长时间在高空中滑翔，黑鸢常在空中盘旋，红隼会在空中振翅悬停，大鵟飞行时常收缩翼角。

34 凤头鹰

（林 植 摄）

英 文 名： Crested Goshawk

拉丁学名： *Accipiter trivirgatus*

形态特征： 体长 40 ~ 46cm。嘴强健，先端钩曲。具短羽冠，翼圆，尾长有横斑。成年雄鸟颈白，有近黑色纵纹至喉，具两道黑色髭纹。上体灰褐，两翼及尾具横斑，下体棕色，胸部具白色纵纹，腹部及大腿白色具近黑色粗横斑。亚成鸟及雌鸟似成年雄鸟但下体纵纹及横斑均为褐色，上体褐色较淡。趾端的钩爪强大而锋利。虹膜褐色至成鸟的绿黄色；嘴灰色，蜡膜黄色；腿及脚黄色。

分布状况： 东洋界。

生活习性： 栖于有密林覆盖处。繁殖期常在森林上空翱翔，同时发出响亮叫声。

保护级别： 国家二级重点保护野生动物

季 节 型： 留鸟

地 理 型： 东洋界

35 松雀鹰

（何 川 摄）

英 文 名： Besra Sparrow Hawk

拉丁学名： *Accipiter virgatus*

形态特征： 体长 30 ~ 36cm。嘴强健，先端钩曲。具有显眼的腮纹和深色的上体，尾具 3 条或 4 条宽阔粗横斑。雄鸟喉白而具黑色喉中线，两胁棕色且具褐色横斑，下体白；雌鸟及亚成鸟两胁棕色少，下体多具红褐色横斑。趾端的钩爪强大而锋利。虹膜黄色；嘴黑色，蜡膜灰色；腿及脚黄色。

分布状况： 印度，东南亚。

生活习性： 广布于海拔 300 ~ 1200m 的多林丘陵山地。一般在树林活动，亦在沼泽出现。清晨时分在树林边缘站立。

保护级别： 国家二级重点保护野生动物

季 节 型： 冬候鸟

地 理 型： 古北界

36 普通鵟

（何　川　摄）

（何　川　摄）

英 文 名： Common Buzzard

拉丁学名： *Buteo buteo*

形态特征： 体长55cm。嘴强健，先端钩曲。脸侧皮黄具近红色细纹，栗色的髭纹显著。上体深红褐色，下体偏白上具棕色纵纹，两胁及大腿沾棕色。趾端的钩爪强大而锋利。虹膜黄色至褐色；嘴灰色，端黑，蜡膜黄色；脚黄色。

分布状况： 欧亚大陆、非洲。

生活习性： 喜开阔原野，且在空中热气流上高高翱翔，在裸露树枝上歇息。飞行时围绕广阔的圆弧盘旋，又常停在空中振羽。

保护级别： 国家二级重点保护野生动物

季 节 型： 冬候鸟

地 理 型： 古北界

月黑雁飞高，单于夜遁逃。欲将轻骑逐，大雪满弓刀。——唐卢纶《塞下曲》

37 白头鹞

（陈加盛 摄）

英 文 名： Western Marsh Harrier

拉丁学名： *Circus aeruginosus*

形态特征： 体长约50cm。头部比其他鹞突出，嘴强健，先端钩曲。尾部一般无横纹。趾端的钩爪强大而锋利。雄鸟下体白色，上体黑色和晦涩，尾淡灰色，搭配很抢眼；雌鸟深褐色，头部和翼前缘奶白色，尾上覆羽白色。虹膜雄鸟黄色，雌鸟及幼鸟淡褐色；嘴灰色；脚黄色。

分布状况： 亚洲东部。

生活习性： 喜开阔地，尤其是多草沼泽地带或芦苇地。擦植被优雅滑翔低掠，有时停留在空中。

保护级别： 国家二级重点保护野生动物

季 节 型： 冬候鸟

地 理 型： 古北界

38 鹗

（何 川 摄）

英 文 名： Osprey

拉丁学名： *Pandion haliaetus*

形态特征： 体长 55 ~ 61cm。嘴强健，先端钩曲。深色的短冠羽可竖立。头及下体白色，具黑色贯眼纹。上体多暗褐色。趾端的钩爪强大而锋利。虹膜黄色；嘴黑色，蜡膜灰色；裸露跗蹠及脚灰色。

分布状况： 几乎遍布全世界。分布广泛但一般罕见。在中国东南沿岸为留鸟。

生活习性： 捕鱼之鹰，从水上悬枝深扎入水捕食猎物，或在水上缓慢盘旋，或振羽停在空中然后扎入水中。

保护级别： 国家二级重点保护野生动物

季 节 型： 留鸟

地 理 型： 东洋界

39 蛇雕

（林 晨 摄）

英 文 名： Crested Serpent Eagle

拉丁学名： *Spilornis cheela*

形态特征： 中等体型 (50cm) 的深色雕。两翼甚圆且宽而尾短。成鸟：上体深褐色 / 灰色，下体褐色，腹部、两胁及臀具白色点斑。尾部黑色横斑间有灰白色的宽横斑，黑白两色的冠羽短宽而蓬松，眼及嘴间黄色的裸露部分为本种特征。飞行时的特征为尾部宽阔的白色横斑及白色的翼后缘。亚成鸟似成鸟但褐色较浓，体羽多白色。

分布状况： 在国外分布于印度、斯里兰卡、缅甸、中南半岛、马来西亚、印度尼西亚、日本、菲律宾等地，在我国分布于辽宁、浙江、安徽、福建、江西、广东、广西、贵州、云南、西藏、台湾、海南等地。

生活习性： 栖息和活动于山地森林及其林缘开阔地带，单独或成对活动。常在高空翱翔和盘旋，停飞时多栖息于较开阔地区的枯树顶端枝杈上。叫声凄凉。主要以各种蛇类为食，也吃蜥蜴、蛙、鼠类、鸟类和甲壳动物。

保护级别： 国家二级重点保护野生动物

季 节 型： 留鸟

地 理 型： 东洋界

40 游 隼

（林 植 摄）

英 文 名： Peregrine Falcon

拉丁学名： *Falco peregrinus*

形态特征： 体长 38 ～ 48cm。嘴强健，先端钩曲成鸟头顶及脸颊近黑或具黑色条纹，上体深灰具黑色点斑及横纹，下体白，胸具黑色纵纹，腹部、腿及尾下多具黑色横斑。趾端的钩爪强大而锋利。虹膜黑色；嘴灰色，蜡膜黄色；腿及脚黄色。

分布状况： 世界各地。

生活习性： 常成对活动。飞行甚快，在悬崖上筑巢。

保护级别： 国家二级重点保护野生动物

季 节 型： 留鸟

地 理 型： 东洋界

41 燕隼

（陈加盛 摄）

英 文 名： Eurasian Hobby

拉丁学名： *Falco subbuteo*

形态特征： 体长 30 ~ 35cm。嘴强健，先端钩曲。上体深灰，胸乳白而具黑色纵纹，腿及臀棕色。飞行时似雨燕，长翼如镰刀而尾短。雌鸟体比雄鸟大而多褐色，腿及尾下覆羽细纹较多。趾端的钩爪强大而锋利。虹膜褐色；嘴灰色，蜡膜黄色；脚黄色。

分布状况： 欧亚大陆，非洲。

生活习性： 飞行迅速，喜开阔地及有林地带，高可至海拔 2000 m。

保护级别： 国家二级重点保护野生动物

季 节 型： 留鸟

地 理 型： 东洋界

众鸟高飞尽，孤云独去闲。——唐 · 李白《独坐敬亭山》

42 红隼

（林 晨 摄）

英 文 名： Common Kestrel

拉丁学名： *Falco tinnunculus*

形态特征： 体长 30 ~ 35cm。嘴强健，先端钩曲。翼和尾特别长，趾端的钩爪强大而锋利。雄鸟头顶及颈背灰色，上体赤褐略具黑色横斑，下体皮黄而具黑色纵纹，尾蓝灰无横斑；雌鸟体型略大，上体全褐，比雄鸟少赤褐色而多粗横斑；亚成鸟似雌鸟，但纵纹较重。虹膜褐色；嘴灰而端黑，蜡膜黄色；脚黄色。

分布状况： 欧亚大陆，非洲。

生活习性： 喜开阔原野。捕食时懒懒地盘旋或斯文不动地停在空中，伺机猛扑猎物。常从地面捕捉猎物。

保护级别： 国家二级重点保护野生动物

季 节 型： 留鸟

地 理 型： 古北界

43 白眉山鹧鸪

（黄　淦　摄）

英 文 名： White-browed Hill Partridge

拉丁学名： *Arborophila gingica*

形态特征： 体长约 30cm。嘴短壮而略拱曲。眉白，眉线散开，喉黄色，颈项上具黑、白及巧克力色环带。翼短圆。后趾较小而略高起，爪钝而稍曲。虹膜褐色；嘴灰色；脚红色。

分布状况： 中国东南部特有种。

生活习性： 见于海拔 500 ~ 1900m 低山密林中。

保护级别： 福建省重点保护野生动物

季 节 型： 留鸟

地 理 型： 东洋界

44 灰胸竹鸡

（林　晨 摄）

英 文 名： Chinese Bamboo-Partridge

拉丁学名： *Bambusicola thoracica*

形态特征： 体长约33cm。额、眉线及颈项蓝灰色，与脸、喉及上胸的棕色成对比，上背、胸侧及两胁有月牙形的大块褐斑。外侧尾羽栗色，飞行翼下有两块白斑。雄雌同色。虹膜红褐色；嘴褐色；脚绿灰色。

分布状况： 中国南方特有种。

生活习性： 以家庭群栖居。飞行笨拙、径直。活动于干燥的矮树丛、竹林灌丛，至海拔1000m处。

保护级别： 福建省一般保护野生动物

季 节 型： 留鸟

地 理 型： 东洋界

观鸟小技巧： 鸡类活动时常会在地上留下明显的痕迹，称“鸡道”。在合适的时间隐蔽守候在鸡道或土浴坑附近，有可能看到前来活动的鸡类。注意倾听分析林中的声响和动静。鸡类在树林中行走和寻觅食物时，会发出声响，应正确辨别声响是由鸡类发出的还是其他动物发出的。学会在林中毫无声息地行进。在满地都是枯枝落叶的林中行走，脚掌贴着地面往前滑行，就不会发出“喀嚓、喀嚓”的声响。接近正在觅食的鸡类时，要乘它用脚下抓刨落叶发出响声时迈步。学会估计鸡类的活动路线，提前赶到适合观察的位置。抓住观察时机。清晨和傍晚是鸡类比较活跃的时段；春天繁殖期间，很多鸡形目鸟类的雄鸟会占据一块地盘，不停地鸣叫，根据叫声的位置安静缓慢地接近，也有机会看到它们。

45 白鹇

（林　晨 摄）

英 文 名： Silver Pheasant

拉丁学名： *Lophura nycthemera*

形态特征： 雄鸟体长 94 ~ 110cm。嘴短壮而略拱曲，脸颊裸皮鲜红色，长冠羽黑色。背白，下体黑色，翼短圆，尾长而白，爪钝而稍曲。雌鸟脸颊裸皮红色，上体橄榄褐色至栗色，下体具褐色细纹或杂白色或皮黄色。虹膜褐色；嘴黄色；脚鲜红色。

分布状况： 中国南部至东南亚。

生活习性： 栖息于多林的高山中，性好结群，叫声嘈杂。晨昏时节在树林、竹丛中觅食嫩枝叶、种子、果实、昆虫等。

保护级别： 国家二级重点保护野生动物

季 节 型： 留鸟

地 理 型： 东洋界

半壁见海日，空中闻天鸡。——唐·李白《梦游天姥吟留别》

46 雉鸡

（何 川 摄）

英 文 名： Common Pheasant

拉丁学名： *Phasianus colchicus*

形态特征： 雄鸟体长约85cm，头部具黑色光泽，有显眼的耳羽簇，宽大的眼周裸皮鲜红色，具白色颈圈，躯体点缀着发光羽毛，从墨绿色至铜色至金色，两翼灰色，尾长而尖，褐色并带黑色横纹。雌鸟体长约60cm，色暗淡，周身密布浅褐色斑纹。虹膜黄色；嘴角质色；脚略灰。

分布状况： 西古北区的东南部、中亚、西伯利亚东南部、乌苏里流域、中国台湾等地、朝鲜、日本及北部湾。广泛分布在有矮树的开阔地区。

生活习性： 雄鸟单独或成小群活动，雌鸟与其雏鸟偶尔与其他鸟合群。栖于不同高度的开阔林地、灌木丛、半荒漠及农耕地。

保护级别： 福建省一般保护野生动物

季 节 型： 留鸟

地 理 型： 东洋界

独立衡门春雨细，白鸡飞上树枝啼。——宋·叶绍翁《西溪》

47 普通秧鸡

（林 植 摄）

英 文 名：Water Rail
拉丁学名：*Rallus aquaticus*
形态特征：体长约29cm。头顶褐色，脸灰，眉纹浅灰而眼线深灰，颏白，颈及胸灰色，上体多纵纹，两胁具黑白色横斑。亚成鸟翼上覆羽具不明晰的白斑。虹膜红色；嘴红色至黑色；脚红色。
分布状况：古北界，迁徙至东南亚及婆罗洲。
生活习性：性羞怯。栖于水边植被茂密处、沼泽及红树林。
保护级别：福建省一般保护野生动物
季 节 型：冬候鸟
地 理 型：古北界

观鸟小技巧：秧鸡科的鸟个体小，活动隐蔽，常活动于水草丛生的浅水沼泽，沟渠、溪流、池塘边的草丛、稻田。秧鸡类的鸟尾短翅圆，善于行走，走路时头部一伸一缩急速摆动，尾也有类似的摆动，飞行时双脚摇晃，受惊时就近钻入草丛逃遁。不管成鸟颜色如何，幼鸟全是黑色。秧鸡科中的黑水鸡和白骨顶是两种比较奇怪的鸟，它们既能在浅水中跋涉，又能在水中游泳。

48 红脚苦恶鸟

（何　川 摄）

英 文 名： Brown Crake

拉丁学名： *Amaurornis akool*

形态特征： 体长约28cm。上体深褐色，下体大部分蓝灰色，没有横纹，脚和趾红色。飞行无力，腿下悬。虹膜红色；嘴黄绿；脚胭脂红色。

分布状况： 印度至中国。繁殖在多芦苇或多草的沼泽。在中国南方的山区稻田为地区性常见鸟。

生活习性： 性羞怯，多在黄昏活动。尾不停地抽动。

保护级别： 福建省一般保护野生动物

季 节 型： 留鸟

地 理 型： 东洋界

49 白胸苦恶鸟

（姜克红 摄）

英 文 名： White-breasted Waterhen

拉丁学名： *Amaurornis phoenicurus*

形态特征： 体长约 33cm。头顶及上体灰色，脸、额、胸及上腹部白色，下腹及尾下棕色。虹膜红色；嘴偏绿，嘴基红色；脚黄色。

分布状况： 亚洲南部。

生活习性： 通常单个活动，偶尔两三成群，于湿润的灌丛、湖边、河滩、红树林及旷野走动找食。多在开阔地带进食，因而较其他秧鸡类常见。也攀于灌丛及小树上。

保护级别： 福建省一般保护野生动物

季 节 型： 留鸟

地 理 型： 东洋界

（何 川 摄）

50 黑水鸡

（何 川 摄）

（姜克红 摄）

英 文 名： Common Moorhen

拉丁学名： *Gallinula chloropus*

形态特征： 体长约 31cm。黑白色，额甲亮红，嘴短。体羽全青黑色，仅两胁有白色细纹而成的线条以及尾下有两块白斑，尾上翘时此白斑尽显。虹膜红色；嘴暗绿色，嘴基红色；脚绿色。

分布状况： 除大洋洲外，几乎遍及全世界。

生活习性： 多见于湖泊、池塘及运河。栖水性强，常边在水中慢慢游动，边在水面浮游植物间翻拣找食。也取食于开阔草地。于陆地或水中尾不停上翘。不善飞，起飞前先在水上助跑很长一段距离。

保护级别： 福建省一般保护野生动物

季 节 型： 冬候鸟

地 理 型： 古北界

51 骨顶鸡

（何 川 摄）

英 文 名： Common Coot

拉丁学名： *Fulica atra*

形态特征： 体长约 40cm。具显眼的白色嘴及额甲，整个体羽深黑灰色，仅飞行时可见翼上狭窄近白色后缘。虹膜红色；嘴白色；脚灰绿。

分布状况： 古北界、大洋洲。遍布中国各地。

生活习性： 强栖水性和群栖性；常潜入水中在湖底找食水草。繁殖期相互争斗追打。起飞前在水面上长距离助跑。

保护级别： 福建省一般保护野生动物

季 节 型： 冬候鸟

地 理 型： 古北界

52 水雉

（何　川　摄）

英 文 名： Pheasant-tailed Jacana

拉丁学名： *Hydrophasianus chirurgus*

形态特征： 体长约 33cm。繁殖羽成鸟尾特长，可达 25cm，飞行时白色翼明显。非繁殖羽没有长尾，头顶、背及胸上横斑灰褐色，颏、前颈、眉、喉及腹部白色，黑色的贯眼纹下延至颈侧，下枕部金黄色，初级飞羽羽尖特长，形状奇特。虹膜黄色；嘴黄色 / 灰蓝 (繁殖期)；脚棕灰 / 偏蓝 (繁殖期)。

分布状况： 亚洲南部。中国南部繁殖。

生活习性： 常在小型池塘及湖泊的浮游植物如睡莲及荷花的叶片上行走。挑挑拣拣地找食，间或短距离跃飞到新的取食点。

保护级别： 福建省一般保护野生动物

季 节 型： 夏候鸟

地 理 型： 东洋界

53 彩 鹬

（姜克红 摄）

英 文 名： Greater Painted-snipe

拉丁学名： *Rostratula benghalensis*

形态特征： 体长约25cm。色彩艳丽，形态独特。雌鸟头及胸深栗色，眼周白色，顶纹黄色，背及两翼偏绿色，背上具白色的“V”形纹并有白色条带绕肩至白色的下体。雄鸟体型较雌鸟小而色暗，多具杂斑而少皮黄色，翼覆羽具金色点斑，眼斑黄色。虹膜红色；嘴黄色；脚近黄色。

分布状况： 亚洲南部、非洲、大洋洲。

生活习性： 栖于沼泽型草地及稻田。行走时尾上下摇动，飞行时双腿下悬如秧鸡。

保护级别： 福建省一般保护野生动物

季 节 型： 留鸟

地 理 型： 东洋界

观鸟小技巧： 鸻形目鸟类中的鸻和鹬种类繁多，形态变化大。喜欢在江河、海湾岸边活动，故又叫作岸鸟。观察时要注意用已知的熟悉种类来判定大小，特别留意嘴的形状、颜色，脚的长度、颜色，羽毛上的特征标记，觅食行为等。当鸟飞行时要格外留意翼和尾的图案。一般而言，鸻体型小，嘴短而直且尖，腿也相对较短。常在沙滩上快速奔跑，突然急停。鹬的嘴稍长，嘴形变化多，有长直而尖的，有向下弯曲的，也有端部膨大呈勺状的。腿较鸻的长，觅食时常用双脚搅动水，然后用嘴捕食。观察识别鸻、鹬的最好地点是沿海的沙滩、海湾、湖滨鱼塘或江河沿岸地带，时间以春天、秋天北迁南返时为佳。

54 蛎 鹬

（林 植 摄）

英 文 名： Eurasian Oystercatcher

拉丁学名： *Haematopus ostralegus*

形态特征： 体长约 44cm。躯体黑白两色，红色的嘴长直而端钝，腿粉红，上背、头及胸黑色，下背及尾上覆羽白色，下体余部白色。翼上黑色，沿次级飞羽的基部有白色宽带。翼下白色并具狭窄的黑色后缘。虹膜红色；嘴橙红色；脚粉红色。

分布状况： 欧亚大陆、非洲。数量稀少。

生活习性： 飞行缓慢且振翼幅度大。沿岩石性海滩取食，食物为软体动物，它们用錾形嘴錾开。成小群活动。

保护级别： 福建省一般保护野生动物

季 节 型： 冬候鸟

地 理 型： 古北界

55 凤头麦鸡

（何 川 摄）

英 文 名： Northern Lapwing

拉丁学名： *Vanellus vanellus*

形态特征： 体长约 30cm。头顶色深，耳羽黑色，具长窄的黑色反翻型长冠羽，头侧及喉部污白，上体均匀深绿色有金属光泽，胸近黑，腹白，尾白而具宽的黑色次端带。虹膜褐色；嘴近黑；腿及脚橙褐色。

分布状况： 欧亚大陆。在中国常见，繁殖于北方大部分地区，越冬于北纬 32° 以南。

生活习性： 喜耕地、稻田或矮草地。

保护级别： 福建省一般保护野生动物

季 节 型： 冬候鸟

地 理 型： 古北界

驱鸡上树木，始闻叩柴荆。——唐·杜甫《羌村三首（之一）》

56 灰头麦鸡

（林 植 摄）

英 文 名：Grey-headed Lapwing

拉丁学名：*Vanellus cinereus*

形态特征：体长约35cm。头及胸灰色，背褐色，翼尖、胸带及尾部横斑黑色，翼后余部、腰、尾及腹部白色。亚成鸟似成鸟但褐色较浓而无黑色胸带。虹膜褐色；嘴黄色，端黑；脚黄色。

分布状况：亚洲东部。

生活习性：栖于近水的开阔地带、河滩、稻田及沼泽。

保护级别：福建省一般保护野生动物

季 节 型：旅鸟

地 理 型：古北界

57 灰斑鸻

（何　川　摄）

英 文 名： Grey Plover

拉丁学名： *Pluvialis squatarola*

形态特征： 体长约30cm。看来躯体笨重和头大，嘴短厚。冬羽上体褐灰，下体近白，飞行时翼纹和腰部偏白，黑色的腋羽于白色的下翼基部成黑色块斑。繁殖期雄鸟下体黑色，上体银灰色，尾下白色。虹膜褐色；嘴黑色；腿灰色。

分布状况： 繁殖于全北界北部；越冬于热带及亚热带沿海地带。迁徙途经中国东北、华东及华中。华南、海南岛、台湾和长江下游的沿海及河口地带常见冬候鸟。

生活习性： 以小群在潮间带沿海滩涂及沙滩取食。

保护级别： 福建省一般保护野生动物

季 节 型： 冬候鸟

地 理 型： 古北界

58 金斑鸻

（林　植　摄）

英 文 名： Pacific Golden Plover

拉丁学名： *Pluvialis dominica*

形态特征： 体长约 25cm。看来躯体笨重和头大，嘴短厚。冬羽金棕色，过眼线、脸侧及下体均色浅。繁殖期雄鸟脸、喉、胸前及腹部均为黑色，脸周及胸侧白色。上体布满金色斑点。雌鸟下体也有黑色，但不如雄鸟多。虹膜褐色；嘴黑色；腿灰色。

分布状况： 繁殖在俄罗斯北部、西伯利亚北部及阿拉斯加西北部；越冬在非洲东部、印度、东南亚及马来西亚至澳大利亚、新西兰并太平洋岛屿。迁徙时途经中国。常见于北纬 25° 以南沿海及开阔地区、海南岛和台湾越冬。

生活习性： 单独或成群活动。栖于沿海滩涂、沙滩、开阔多草地区、草地及机场，

保护级别： 福建省一般保护野生动物

季 节 型： 冬候鸟

地 理 型： 古北界

59 长嘴剑鸻

（刘学忠 摄）

英 文 名： Long-billed Plover

拉丁学名： *Charadrius placidus*

形态特征： 体长约 21cm。看似金眶鸻，但躯体较大，嘴较长，脚暗黄且较长，摺合的翼翼尖不及尾的末端，淡色翼带不明显。繁殖羽具黑色的前顶横纹和全胸带，贯眼纹灰褐色，非繁殖羽头和胸部的黑色标记较淡。虹膜褐色；嘴黑色；腿及脚暗黄色。

分布状况： 繁殖于东北亚、中国华东及华中；冬季至东南亚越冬。

生活习性： 喜河边及沿海滩涂的多砾石地带。

保护级别： 福建省一般保护野生动物

季 节 型： 冬候鸟

地 理 型： 古北界

60 金眶鸻

（林　晨 摄）

英 文 名： Little Ringed Plover

拉丁学名： *Charadrius dubius*

形态特征： 体长约16cm。嘴短，黄色眼圈明显，飞行时翼上无白色横纹，任何时候都有完整的白色领圈。繁殖羽胸前有完整的黑色带，额中央有白色斑块。头顶前方的黑色带上有1条白纹。成鸟黑色部分在亚成鸟为褐色。虹膜褐色；嘴黑色；腿黄色。

分布状况： 欧亚大陆、非洲。

生活习性： 通常出现在沿海溪流及河流的沙洲，也见于沼泽地带及沿海滩涂；有时见于内陆。

保护级别： 福建省一般保护野生动物

季 节 型： 旅鸟

地 理 型： 古北界

草长莺飞二月天，拂堤杨柳醉春烟。——清·高鼎《村居》

61 环颈鸻

（何　川　摄）

英 文 名： Kentish Plover

拉丁学名： *Charadrius alexandrinus*

形态特征： 体长约 17cm。雄鸟胸侧具黑色块斑，不是完整的胸带，雌鸟此斑块为褐色。飞行时具白色翼上横纹，尾羽外侧更白。虹膜褐色；嘴黑色；腿黑色。

分布状况： 几乎遍及全球。

生活习性： 单独或成小群进食，常与其他涉禽混群于海滩或近海岸的多沙草地，也在沿海河流及沼泽地活动。

保护级别： 福建省一般保护野生动物

季 节 型： 留鸟

地 理 型： 古北界

62 蒙古沙鸻

（江航东 摄）

英 文 名： Mongolian Plover

拉丁学名： *Charadrius mongolus*

形态特征： 体长约20cm。常与铁嘴沙鸻混群，但体较短小，嘴短而纤细；飞行时白色的翼下横纹较模糊不清。繁殖羽胸具棕赤色宽横纹，脸具黑色斑纹。虹膜褐色；嘴黑色；腿深灰。

分布状况： 亚洲东北部繁殖，在非洲东部、亚洲南部和大洋洲越冬。

生活习性： 与其他涉禽混群，在沿海泥滩及沙滩活动，有时大群数量多达数百只。

保护级别： 福建省一般保护野生动物

季 节 型： 冬候鸟

地 理 型： 古北界

63 铁嘴沙鸻

（林　晨　摄）

（何　川　摄）

英 文 名： Greater Sand Plover
拉丁学名： *Charadrius leschenaultii*
形态特征： 体长约23cm。与蒙古沙鸻区别在体型较大，嘴较长较厚，腿较长而偏黄色。除蒙古沙鸻外，与所有其他越冬鸻类的区别为缺少胸横纹或领环。繁殖羽特征为胸具棕色横纹，脸具黑色斑纹，前额白色。虹膜褐色；嘴黑色；腿黄灰色。
分布状况： 亚洲、非洲、大洋洲。亚洲中部繁殖，迁徙横过中国。
生活习性： 喜沿海泥滩及沙滩，与其他涉禽尤其是蒙古沙鸻混群。
保护级别： 福建省一般保护野生动物
季 节 型： 冬候鸟
地 理 型： 古北界

64 小杓鹬

（刘学忠 摄）

英 文 名： Little Curlew

拉丁学名： *Numenius minutus*

形态特征： 体长约31cm，嘴中等长度而略向下弯，皮黄色的眉纹粗重。与中杓鹬的区别在体型较小，嘴较短较直。腰无白色。落地时两翼上举。虹膜褐色；嘴褐色，嘴基明显粉红色；脚蓝灰色。

分布状况： 繁殖于西伯利亚，冬季南迁至大洋洲。迁徙时定期经过中国东部及台湾。

生活习性： 喜干燥、开阔的内陆及草地。

保护级别： 国家二级重点保护野生动物

季 节 型： 旅鸟

地 理 型： 古北界

65 中杓鹬

（林　晨　摄）

英 文 名： Whimbrel

拉丁学名： *Numenius phaeopus*

形态特征： 体长约41cm。嘴长而下弯。眉纹色浅，具黑色顶纹，似白腰杓鹬但体型小许多，嘴也相应短。虹膜褐色；嘴黑色；脚蓝灰色。

分布状况： 繁殖于欧洲北部及亚洲；冬季南迁至东南亚、澳大利亚及新西兰。迁徙时常见于中国大部地区，尤其于华东及华南沿海几处河口地带。少数个体在台湾及广东越冬。

生活习性： 喜沿海泥滩、河口潮间带、沿海草地、沼泽及多岩石海滩，通常结小至大群，常与其他涉禽混群。

保护级别： 福建省重点保护野生动物

季 节 型： 旅鸟

地 理 型： 古北界

66 白腰杓鹬

（江航东 摄）

英 文 名： Eurasian Curlew

拉丁学名： *Numenius arquata*

形态特征： 体长约55cm，嘴甚长而下弯。颈和腿修长，腰白，渐变成尾部色及褐色横纹。与大杓鹬区别在腰及尾较白，与中杓鹬区别为体型较大，头部无图纹，嘴相应较长。虹膜褐色；嘴褐色；脚青灰色。

分布状况： 欧亚大陆、非洲。繁殖于古北界北部；冬季南迁远及印度尼西亚及澳大利亚。

生活习性： 喜潮间带河口、河岸及沿海滩涂，常在近海处。

保护级别： 福建省重点保护野生动物

季 节 型： 冬候鸟

地 理 型： 古北界

67 大杓鹬

（江航东 摄）

英 文 名： Far Eastern Curlew

拉丁学名： *Numenius madagascariensis*

形态特征： 体长约61cm。嘴甚长而下弯。下背及尾褐色，下体皮黄。飞行时展现的翼下横纹不同于白腰杓鹬的白色。颈和腿修长。虹膜褐色；嘴黑色，嘴基粉红；脚灰色。

分布状况： 繁殖于东北亚，冬季南迁至大洋洲。

生活习性： 喜潮间带河口、河岸及沿海滩涂，常在近海处，性甚羞怯，个别个体有时与白腰杓鹬混群。

保护级别： 福建省重点保护野生动物

季 节 型： 旅鸟

地 理 型： 古北界

68 黑尾塍鹬

（何　川　摄）

英 文 名：Black-tailed Godwit

拉丁学名：*Limosa limosa*

形态特征：体长约39cm。形态优雅，腿长、嘴长，似斑尾塍鹬，但嘴不上翘，过眼线显著，上体杂斑少，尾前半部近黑，腰及尾基白色。白色的翼上横斑明显；虹膜褐色；嘴基粉色，端黑；脚绿灰色。

分布状况：繁殖于古北界北部；冬季南迁至非洲并远至澳大利亚。

生活习性：沿海泥滩、河流两岸及湖泊。食性同斑尾塍鹬，但更喜淤泥，头往泥里探得更深，有时头的大部分都埋在泥里。

保护级别：福建省一般保护野生动物

季 节 型：旅鸟

地 理 型：古北界

69 斑尾塍鹬

（林 晨 摄）

英 文 名：Bar-tailed Godwit

拉丁学名：*Limosa lapponica*

形态特征：体长约41cm。形态优雅，腿长、嘴长，上体具灰褐色斑驳，具显著的白色眉纹，下体胸部沾灰。与黑尾塍鹬的区别为嘴略向上翘，翼上横斑狭窄而色浅，白色的尾及腰上具褐色横斑。虹膜褐色；嘴基部粉红，端黑；脚暗绿或灰色。

分布状况：繁殖于北欧及亚洲；冬季南迁远至澳大利亚及新西兰。

生活习性：潮间带、河口、沙洲及浅滩。进食时头部动作快，大口吞食，头深插入水。

保护级别：福建省一般保护野生动物

季 节 型：旅鸟

地 理 型：古北界

70 鹤鹬

（何 川 摄）

英 文 名： Spotted Redshank

拉丁学名： *Tringa erythropus*

形态特征： 体长约32cm。嘴长且直，繁殖羽黑色具白色点斑。冬季似红脚鹬，但体型较大，灰色较深，嘴较长，嘴基红色较少。两翼色深并具白色点斑，过眼纹明显。飞行时区别为后缘缺少白色横纹，脚伸出尾后较长。虹膜褐色；嘴黑色，嘴基红色；脚橘黄色。

分布状况： 繁殖于欧洲，南迁至非洲、印度及东南亚越冬。

生活习性： 喜鱼塘、沿海滩涂及沼泽地带。

保护级别： 福建省一般保护野生动物

季 节 型： 旅鸟

地 理 型： 古北界

71 红脚鹬

（江航东 摄）

英 文 名： Common Redshank

拉丁学名： *Tringa totanus*

形态特征： 体长约28cm。上体褐灰色，下体白色，胸具褐色纵纹。比鹤鹬体型小，矮胖，嘴较短较厚，嘴基红色较多。飞行时腰部白色明显，次级飞羽具明显白色外缘。尾上具黑白色细斑。虹膜褐色；嘴基部红色，端黑；脚橙红色。

分布状况： 繁殖于非洲及古北界，冬季南移远及苏拉威西、东帝汶及澳大利亚。

生活习性： 喜泥岸、海滩、盐田、干涸的沼泽及鱼塘、近海稻田，偶尔在内陆。通常结小群活动，也与其他水鸟混群。

保护级别： 福建省一般保护野生动物

季 节 型： 旅鸟

地 理 型： 古北界

72 泽鹬

（江航东 摄）

英 文 名： Marsh Sandpiper

拉丁学名： *Tringa stagnatilis*

形态特征： 体长约25cm。额白，嘴黑而细直，眉纹较浅。上体灰褐，腰及下背白色，下体白。两翼及尾近黑。腿长而偏绿色。与青脚鹬区别在体型较小，额部色浅，嘴较细而直。虹膜褐色；嘴黑色；脚偏绿。

分布状况： 繁殖于古北界，冬季南迁至非洲、南亚及东南亚并远及澳大利亚和新西兰。

生活习性： 喜湖泊、盐田、沼泽地、池塘并偶尔至沿海滩涂。通常单只或两三成群，但冬季可结成大群。甚羞怯。

保护级别： 福建省一般保护野生动物

季 节 型： 旅鸟

地 理 型： 古北界

73 青脚鹬

（何 川 摄）

英 文 名： Common Greenshank

拉丁学名： *Tringa nebularia*

形态特征： 体长约 35cm。嘴粗长而略向上翘。上体灰褐具杂色斑纹，翼尖及尾部横斑近黑；下体白色，喉、胸及两胁具褐色纵纹。背部的白色长条于飞行时尤为明显。翼下具深色细纹(小青脚鹬为白色)。虹膜褐色；嘴灰色，端黑；脚黄绿色。

分布状况： 繁殖于古北界，从英国至西伯利亚；越冬在非洲南部、印度次大陆、东南亚、马来西亚至澳大利亚。广泛分布。迁徙时见于中国大部地区，结大群在西藏南部及中国长江以南包括台湾及海南岛的大部分地区越冬。

生活习性： 喜沿海和内陆的沼泽地带及大河流的泥滩。通常单独或两三成群。进食时嘴在水里左右甩动寻找食物。头紧张地上下点动。

保护级别： 福建省一般保护野生动物

季 节 型： 冬候鸟

地 理 型： 古北界

74 白腰草鹬

（林 晨 摄）

英 文 名： Green Sandpiper

拉丁学名： *Tringa ochropus*

形态特征： 体长约24cm。野外看体羽黑白色非常明显。上体绿褐色杂白点，腹部及臀白色。两翼及下背几乎全黑。尾白，端部具黑色横斑。飞行时黑色的下翼、白色的腰部以及尾部的横斑极显著。飞行时脚伸至尾后。与林鹬区别为近绿色的腿较短，外形较矮壮，下体点斑少，翼下色深。虹膜褐色；嘴暗橄榄色；脚橄榄绿色。

分布状况： 繁殖于欧亚大陆北部；冬季南迁远及非洲、印度次大陆、东南亚、北婆罗洲及菲律宾。

生活习性： 常单独活动，喜小水塘及池塘、沼泽地及沟壑。受惊时起飞，似沙锥而呈锯齿形飞行。

保护级别： 福建省一般保护野生动物

季 节 型： 冬候鸟

地 理 型： 古北界

75 林 鹬

（何　川　摄）

英 文 名： Wood Sandpiper

拉丁学名： *Tringa glareola*

形态特征： 体长约22cm。眉纹长，白色。上体灰褐色而极具斑点。腹部及臀偏白，腰白。尾白而具褐色横斑。飞行时尾部的横斑、白色的腰部及下翼以及翼上无横纹为其特征。脚远伸于尾后。与白腰草鹬区别为腿较长，黄色较深，翼下色浅，眉纹长，外形纤细。虹膜褐色；嘴黑色；脚淡黄至橄榄绿色。

分布状况： 繁殖于欧亚大陆北部；冬季南迁至非洲、印度次大陆、东南亚及澳大利亚。

生活习性： 喜沿海多泥的栖息环境，但也出现在内陆高至海拔750m的稻田及淡水沼泽。通常结成松散小群可达20余只，有时也与其他涉禽混群。

保护级别： 福建省一般保护野生动物

季 节 型： 旅鸟

地 理 型： 古北界

76 小青脚鹬

（刘学忠 摄）

英 文 名： Spotted Greenshank

拉丁学名： *Tringa guttifer*

形态特征： 体长约32cm。非常似青脚鹬，但头较大，颈较短较厚，嘴较粗钝且基部黄色。腿相对较短，黄色较深，飞行时脚不出尾后。虹膜褐色；嘴黑色，基部黄色；脚黄色。

分布状况： 繁殖于东北亚的萨克哈林岛。冬季迁徙经日本及中国至孟加拉国及东南亚。种群数量非常稀少。

生活习性： 沿海泥滩。

保护级别： 国家二级重点保护野生动物

季 节 型： 旅鸟

地 理 型： 古北界

77 矶 鹬

（何 川 摄）

英 文 名： Common Sandpiper

拉丁学名： *Tringa hypoleucos*

形态特征： 体长约20cm。嘴短，上体褐色，飞羽近黑色。下体白色，胸侧具褐灰色斑块。翼不及尾长。飞行时翼上具白色横纹，腰无白色，外侧尾羽无白色横斑，翼下具黑色及白色横纹。性活跃，不断上下点头和摆动尾部，并具两翼僵直滑翔的特殊姿势。虹膜褐色；嘴深灰；脚浅橄榄绿。

分布状况： 繁殖于古北界及喜马拉雅山脉；冬季至非洲、印度次大陆、东南亚并远至澳大利亚。

生活习性： 光顾不同的栖息生境，从沿海滩涂和沙洲至海拔1500m的山地稻田及溪流、河流两岸。

保护级别： 福建省一般保护野生动物

季 节 型： 旅鸟

地 理 型： 古北界

78 灰尾鹬

（林　晨　摄）

英 文 名： Grey-tailed Tattler

拉丁学名： *Heteroscelus brevipes*

形态特征： 体长约 25cm。嘴粗且直，过眼纹黑色，眉纹白，颏近白。上体体羽全灰，胸浅灰，腹白具横斑，腿短。飞行时翼下色深。虹膜褐色；嘴黑色；脚黄色。

分布状况： 繁殖于西伯利亚；冬季至马来西亚、澳大利亚及新西兰。迁徙时甚常见于中国东部的大部地区，部分个体在台湾及海南岛越冬。

生活习性： 常光顾多岩沙滩，珊瑚礁海岸及沙质或卵石海滩，极少至沿海泥滩。

保护级别： 福建省一般保护野生动物

季 节 型： 旅鸟

地 理 型： 古北界

79 翘嘴鹬

（刘学忠 摄）

英 文 名： Terek Sandpiper

拉丁学名： *Xenus cinereus*

形态特征： 体长约23cm。嘴长而上翘，嘴基黄色；脚短，橙色，相对于短短的脚，嘴显得有些夸张。上体灰色，具晦黯的白色半截眉纹。黑色的初级飞羽明显。繁殖期肩羽具黑色条纹；腹部及臀白色。飞行时翼上狭窄的白色内缘明显。虹膜褐色；嘴黑色，基部黄色；脚橙色。

（刘学忠 摄）

分布状况： 繁殖于欧亚大陆北部，冬季南迁远及澳大利亚和新西兰。

生活习性： 喜沿海泥滩、小河及河口，觅食和休息时与其他涉禽混群。

保护级别： 福建省一般保护野生动物

季 节 型： 冬候鸟

地 理 型： 古北界

80 翻石鹬

（何　川　摄）

英 文 名： Ruddy Turnstone

拉丁学名： *Arenaria interpres*

形态特征： 体长约22cm。体健壮，脚短，橙色显眼。繁殖羽头、胸及翼部具黑色、棕色及白色的复杂图案。非繁殖羽和幼鸟毛色较多斑，给人很混杂的感觉。虹膜褐色；嘴黑色；脚橙色。

分布状况： 繁殖于全北界纬度较高地区，冬季南迁至南美洲、非洲及亚洲的热带地区至澳大利亚及新西兰。迁徙时甚常见经中国东部，部分鸟留于台湾、福建及广东越冬。

生活习性： 常结小群栖于沿海泥滩、沙滩及海岸石岩，在海滩上翻动石头及其他物体找食甲壳类。奔走迅速。

保护级别： 福建省一般保护野生动物

季 节 型： 冬候鸟

地 理 型： 古北界

81 半蹼鹬

（陈加盛 摄）

英 文 名： Asian Dowitcher

拉丁学名： *Limnodromus semipalmatus*

形态特征： 体长约33cm。嘴长且直，全黑，嘴端显膨胀。眉纹明显。背灰色，腰、下背及尾白色具黑色细横纹。繁殖羽头胸部栗红色。虹膜褐色；嘴黑色；腿近黑。

分布状况： 繁殖于俄罗斯南部及西伯利亚东南部、蒙古、中国东北地区，过境鸟见于印度次大陆东部、东南亚、菲律宾及印度尼西亚至澳大利亚北部。

生活习性： 栖于沿海滩涂，觅食时嘴频繁一下一下地插入泥中，动作机械。

保护级别： 福建省一般保护野生动物

季 节 型： 旅鸟

地 理 型： 古北界

82 针尾沙锥

（刘学忠 摄）

英 文 名： Pintail Snipe

拉丁学名： *Gallinago stenura*

形态特征： 体长约25cm。两翼圆，嘴相对短而钝。上体平淡褐色，具白、黄及黑色的纵纹及蠕虫状斑纹；下体白色，胸沾赤褐且多具黑色细斑；眼线于眼前细窄，于眼后难辨。与扇尾沙锥及大沙锥较难区分，但体型相对较小，尾较短，飞行时黄色的脚探出尾后较多，叫声也不同。与扇尾沙锥区别在翼无白色后缘，翼下无白色宽横纹。腿比大沙锥细且黄色较少。虹膜褐色；嘴褐色，嘴端深色；脚偏黄。

分布状况： 繁殖于东北亚，冬季南迁至印度、东南亚和印度尼西亚。越冬群体见于台湾、海南岛、福建、广东及香港。

生活习性： 常光顾稻田、林中的沼泽和潮湿洼地，以及红树林，比扇尾沙锥栖息环境稍干燥些。习性似其他沙锥，包括快速上下跳动及"锯齿"飞行，受惊吓时发出惊叫声。飞行不如扇尾沙锥那样乱撞。

保护级别： 福建省一般保护野生动物

季 节 型： 旅鸟

地 理 型： 古北界

83 大沙锥

（陈加盛 摄）

（陈加盛 摄）

英 文 名： Swinhoe's Snipe

拉丁学名： *Gallinago megala*

形态特征： 体长约28cm。两翼长而尖，头形大而方，嘴长。野外易与针尾沙锥混淆，但大沙锥尾较长，腿较粗而多黄色，飞行时脚伸出较少。与扇尾沙锥区别为尾端两侧白色较多，飞行时尾长于脚，翼下缺少白色宽横纹，飞行时翼上无白色后缘。春季时胸及颈较暗淡。虹膜褐色；嘴褐色；脚橄榄灰色。

分布状况： 繁殖于东北亚，冬季南迁至婆罗洲北部、印度尼西亚，并远及澳大利亚。迁徙时常见于中国东部及中部，越冬在海南岛、台湾、广东及香港，偶见于河北。

生活习性： 栖居于沼泽及湿润草地、包括稻田。习性同其他沙锥但不喜飞行，起飞及飞行都较缓慢较稳定。

保护级别： 福建省一般保护野生动物

季 节 型： 旅鸟

地 理 型： 古北界

84 扇尾沙锥

（林　晨 摄）

英 文 名： Common Snipe

拉丁学名： *Gallinago gallinago*

形态特征： 体长约27cm。两翼细而尖，嘴长；脸皮黄色，眼部上下条纹及贯眼纹色深；上体深褐，具白及黑色的细纹及蠹斑；下体淡皮黄色具褐色纵纹。色彩与大沙锥、针尾沙锥相似，但扇尾沙锥的次级飞羽具白色宽后缘，翼下具白色宽横纹，飞行较迅速、较高、较不稳健，并常做急叫声。皮黄色眉线与浅色脸颊成对比。肩羽边缘浅色，比内缘宽。肩部线条较居中，线条为浅。虹膜褐色；嘴褐色；脚橄榄色。

分布状况： 繁殖于古北界，冬季南迁至非洲、印度、东南亚及菲律宾。迁徙时常见于中国大部地区，越冬在西藏南部、云南及中国北纬32°以南的大多数地区。

生活习性： 栖于沼泽地带及稻田，通常隐蔽在高大的芦苇草丛中，被赶时跳出并做“锯齿形”飞行，边发出警叫声。空中炫耀为向上攀升并俯冲，外侧尾羽伸出，颤动有声。

保护级别： 福建省一般保护野生动物

季 节 型： 冬候鸟

地 理 型： 古北界

85 丘 鹬

（陈加盛 摄）

（陈加盛 摄）

英 文 名： Eurasian Woodcock

拉丁学名： *Scolopax rusticola*

形态特征： 体长约34cm。外形矮壮，头带三角形，头顶有横斑，嘴长且直，腿短。与沙锥相比体型较大。起飞时振翅嗖嗖作响，飞行缓慢，于树顶高度起飞时嘴朝下，飞行看似笨重，翅较宽。虹膜褐色；嘴基部偏粉，端黑；脚粉灰色。

分布状况： 欧亚大陆。在中国繁殖于黑龙江北部、新疆西北部的天山、四川及甘肃南部。迁徙时经中国的大部地区。越冬在中国北纬32°以南大多数地区，台湾及海南岛也有越冬鸟。

生活习性： 夜间觅食，白天隐藏在密林或者林区边缘休息。在溪流附近出现，但从不到泥滩。

保护级别： 福建省一般保护野生动物

季 节 型： 冬候鸟

地 理 型： 古北界

86 红腹滨鹬

（何　川　摄）

（何　川　摄）

英 文 名： Red Knot

拉丁学名： *Calidris canutus*

形态特征： 体长约25cm。短脚而矮胖，嘴短且粗壮，具浅色眉纹。上体灰色，略具鳞状斑；下体近白，颈、胸及两胁淡皮黄色。春天时很多鸟身披抢眼的栗色繁殖羽，非繁殖羽均匀的灰色，幼鸟胸部微带褐色。虹膜深褐；嘴黑色；脚黄绿。

分布状况： 繁殖于北极圈内，冬季南迁至美洲南部、非洲、印度次大陆、澳大利亚及新西兰。

生活习性： 沙滩、沿海滩涂及河口。通常群居，常结大群活动。与其他涉禽混群。进食时嘴快速下啄，有时取食把整个头都埋进去。

保护级别： 福建省一般保护野生动物

季 节 型： 旅鸟

地 理 型： 古北界

87 大滨鹬

（何 川 摄）

英 文 名： Great Knot

拉丁学名： *Calidris tenuirostris*

形态特征： 体长约 27cm。嘴较长且厚，嘴端微下弯；上体色深具模糊的纵纹；头顶具纵纹；非繁殖期胸及两侧具黑色点斑（远处看似深色的胸带）；腰及两翼具白色横斑。春夏季的鸟胸部具黑色大点斑，翼具赤褐色横斑。虹膜褐色；嘴黑色；脚绿灰色。

分布状况： 繁殖于西伯利亚东北部，冬季南迁至印度次大陆、东南亚、菲律宾并远及澳大利亚。东部沿海常见候鸟。冬季少量鸟留在海南岛、广东及香港。

生活习性： 潮间滩涂及沙滩。常结大群活动。

保护级别： 福建省一般保护野生动物

季 节 型： 旅鸟

地 理 型： 古北界

88 红颈滨鹬

（林　植　摄）

英 文 名： Rufous-necked Stint

拉丁学名： *Calidris ruficollis*

形态特征： 体长约15cm。腿黑，上体色浅而具纵纹。冬羽：上体灰褐，多具杂斑及纵纹；眉线白；腰的中部及尾深褐；尾侧白；下体白。春夏季头顶、颈的体羽及翅上覆羽棕色。虹膜褐色；嘴黑色；脚黑色。

分布状况： 为中国东部及中部甚常见的迁徙过境鸟。一些冬候鸟留在海南岛、广东、香港及台湾沿海越冬。

生活习性： 喜沿海滩涂，结大群活动，性活跃，敏捷行走或奔跑，拣起食物或兴奋时头上下点动或往后一甩。

保护级别： 福建省一般保护野生动物

季 节 型： 冬候鸟

地 理 型： 古北界

89 长趾滨鹬

（何 川 摄）

英 文 名： Long-toed Stint

拉丁学名： *Calidris subminuta*

形态特征： 体长约14cm。上体具黑色粗纵纹，腿绿黄色。头顶褐色，白色眉纹明显。胸浅褐灰，腹白，腰部中央及尾深褐，外侧尾羽浅褐色。繁殖羽多棕褐色。冬季鸟与相似的红颈滨鹬的区别为腿色较淡，与青脚滨鹬区别为上体具粗斑纹。飞行时可见模糊的翼横纹。虹膜深褐；嘴黑色；脚绿黄色。

分布状况： 繁殖于西伯利亚，越冬于印度、东南亚、菲律宾至澳大利亚。

生活习性： 喜沿海滩涂、小池塘、稻田及其他的泥泞地带。单独或结群活动，常与其他涉禽混群。

保护级别： 福建省一般保护野生动物

季 节 型： 旅鸟

地 理 型： 古北界

90 尖尾滨鹬

繁殖羽

（唐庆圆 摄）

非繁殖羽

（何 川 摄）

英 文 名： Sharp-tailed Sandpiper

拉丁学名： *Calidris acuminata*

形态特征： 体长约 19cm。嘴短，头顶棕色，眉纹色浅，胸皮黄色，下体具粗大的黑色纵纹，腹白，尾中央黑色，两侧白色。繁殖羽多棕色。非繁殖羽似长趾滨鹬，但顶冠多棕色。虹膜褐色；嘴黑色；腿及脚偏黄至绿色。

分布状况： 繁殖于西伯利亚，冬季南迁至澳大利亚及新西兰。

生活习性： 栖于沿海滩涂、泥沼、湖泊及稻田。

保护级别： 福建省一般保护野生动物

季 节 型： 旅鸟

地 理 型： 古北界

91 青脚滨鹬

（江航东 摄）

英 文 名： Temminck's Stint

拉丁学名： *Calidris temminckii*

形态特征： 体长约13cm。矮壮，腿短，灰色。繁殖羽胸褐灰，翼覆羽带棕色。非繁殖羽上体暗灰，胸灰色，腹部白色。尾长于拢翼，外侧尾羽纯白，落地时极易见。虹膜褐色；嘴黑色；腿及脚偏绿或近黄色。

分布状况： 繁殖于古北界北部，冬季南迁至非洲、中东、印度、东南亚、菲律宾及婆罗洲。

生活习性： 偏好淡水生态环境，尤其是抽干的池塘。一般小群聚集，也有大群集体觅食。飞行迅速，方向多变，惊起时猛地跃起高飞。

保护级别： 福建省一般保护野生动物

季 节 型： 旅鸟

地 理 型： 古北界

92 黑腹滨鹬

（何 川 摄）

英 文 名： Dunlin

拉丁学名： *Calidris alpina*

形态特征： 体长约 19cm。有独特的驼背轮廓，嘴略长，端部略下弯，眉纹白色，尾中央黑而两侧白。繁殖羽腹部黑色，上体棕色。虹膜褐色；嘴黑色；脚灰色。

分布状况： 北半球高纬度地区繁殖，南迁越冬，包括中国南部。

生活习性： 喜好沿海滩涂和鱼塘生境，大多成密集的大群，飞行时不停改变方向和群体的外形。常与环颈鸻在一起。

保护级别： 福建省一般保护野生动物

季 节 型： 冬候鸟

地 理 型： 古北界

93 弯嘴滨鹬

（江航东 摄）

英 文 名：Curlew Sandpiper

拉丁学名：*Calidris ferruginea*

形态特征：体长约21cm。嘴略长而下弯。繁殖羽通体红棕色。非繁殖羽上体大部灰色几无纵纹，腰部白色明显，眉纹、翼上横纹及尾上覆羽的横斑均白。虹膜褐色；嘴黑色；脚黑色。

分布状况：繁殖于西伯利亚北部，越冬南迁至非洲、中东、印度次大陆及澳大利亚。

生活习性：栖于沿海滩涂及近海的稻田和鱼塘。通常与其他鸻鹬类混群。潮落时跑至泥里翻找食物。休息时单脚站在沙坑，飞行迅速，成密集群。

保护级别：福建省一般保护野生动物

季 节 型：冬候鸟

地 理 型：古北界

94 三趾鹬

（何 川 摄）

英 文 名： Sanderling

拉丁学名： *Calidris alba*

形态特征： 体长约20cm。繁殖羽上体金黄栗色，毛色多变，各种中间型都有。非繁殖羽独特的淡灰白色，肩羽明显黑色。幼鸟背上布满黑白细点，颇为抢眼，头顶偏黑。与其他涉禽不同，没有后趾，虹膜深褐；嘴黑色；脚黑色。

分布状况： 全北界。繁殖在北半球，冬季南迁至澳大利亚及新西兰。

生活习性： 喜滨海沙滩，极少至泥地。通常随落潮在水边奔跑，同时拣食海潮冲刷出来的小食物。有时独行但多喜群栖。

保护级别： 福建省一般保护野生动物

季 节 型： 旅鸟

地 理 型： 古北界

95 阔嘴鹬

（江航东 摄）

英 文 名： Broad-billed Sandpiper

拉丁学名： *Limicola falcinellus*

形态特征： 体长约 17cm。嘴长，嘴基颇厚，最末端下弯。翼角常具明显的黑色块斑并具白色双眉纹。繁殖羽和幼鸟背上有易见的“V”字标记。非繁殖羽上体灰色，胸部有淡色纵纹。虹膜褐色；嘴黑色；脚绿褐色。

分布状况： 繁殖于北欧及西伯利亚北部，冬季在热带地区至澳大利亚。

生活习性： 潮湿的沿海泥滩、沙滩及沼泽地区。翻找食物时嘴垂直向下。

保护级别： 福建省一般保护野生动物

季 节 型： 旅鸟

地 理 型： 古北界

96 流苏鹬

（刘学忠 摄）

（刘学忠 摄）

英 文 名： Ruff

拉丁学名： *Philomachus pugnax*

形态特征： 雄鸟体长约29cm，雌鸟甚小于雄鸟，体长约23cm。嘴短且直，头小，颈长，腿长。非繁殖羽上体深褐具浅色鳞状斑纹，喉浅皮黄色，头及颈皮黄色，下体白，两胁常具少许横斑，飞行时翼上狭窄白色横纹及于深色尾基两侧的椭圆形白色块斑极明显。幼鸟皮黄色。夏季雄鸟棕色或部分白色并具明显的蓬松翎颌。虹膜褐色；嘴褐色，嘴基近黄，冬季灰色；脚多色，或黄或绿或为橙褐色。

分布状况： 繁殖于北欧和亚洲，冬季南迁至非洲及南亚，罕见迷鸟，甚至到澳大利亚。

生活习性： 沼泽地带及沿海滩涂。与其他涉禽混群。

保护级别： 福建省一般保护野生动物

季 节 型： 冬候鸟

地 理 型： 古北界

97 黑翅长脚鹬

（朱荔潮 摄）

（唐庆圆 摄）

英 文 名： Black-winged Stilt

拉丁学名： *Himantopus himantopus*

形态特征： 体长约37cm。形态独特，细长的嘴黑色，粉红色的脚异常的长，上背和翼黑色，体羽白色。幼鸟褐色较浓，头顶及颈背沾灰。虹膜粉红；嘴黑色；脚粉红色。

分布状况： 欧亚大陆、非洲。亚洲中部繁殖，中国南部越冬。

生活习性： 沿海浅水及淡水沼泽地。

保护级别： 福建省一般保护野生动物

季 节 型： 冬候鸟

地 理 型： 古北界

98 反嘴鹬

（唐庆圆 摄）

（何 川 摄）

（朱荔潮 摄）

英 文 名： Pied Avocet

拉丁学名： *Recurvirostra avosetta*

形态特征： 体长约43cm。形态独特，黑色的嘴细长而上翘，细长的脚蓝灰色，翼黑白相间，飞行时从下面看体羽全白，仅翼尖黑色。幼鸟偏褐色。虹膜褐色；嘴黑色；脚蓝灰色。

分布状况： 欧亚大陆、非洲。亚洲中部繁殖，中国东南部越冬。

生活习性： 觅食时头部左右摆动筛取水中食物。善游泳，能在水中倒立。飞行时不停地快速振翼并做长距离滑翔。成会做佯装断翅状表演以将捕食者从幼鸟身边引开。

保护级别： 福建省一般保护野生动物

季 节 型： 冬候鸟

地 理 型： 古北界

99 红颈瓣蹼鹬

（林　植 摄）

英 文 名： Red-necked Phalarope

拉丁学名： *Phalaropus lobatus*

形态特征： 体长约 19cm。外形纤瘦，嘴细长，经常游泳，飞行时深色腰部及翼上的宽白横纹明显。披繁殖羽的雌鸟比雄鸟大而鲜艳，棕色的眼纹至眼后而下延颈部成兜围，肩羽金黄。非繁殖羽上体灰，下体白，头顶及眼周黑色，喉白。虹膜褐色；嘴黑色；脚灰色。

分布状况： 在北半球高纬度地区繁殖，南迁越冬，一般在海上，迁徙时横过中国。

生活习性： 冬季在海上结大群，食物为浮游生物。甚不惧人，易于接近。有时到陆上的池塘或沿海滩涂取食。

保护级别： 福建省一般保护野生动物

季 节 型： 旅鸟

地 理 型： 古北界

100 普通燕鸻

（江航东 摄）

英 文 名： Oriental Pratincole

拉丁学名： *Glareola maldivarum*

形态特征： 体长约 25cm。翼长，叉形尾，喉皮黄色具黑色边缘（冬候鸟较模糊）。上体棕褐色具橄榄色光泽；两翼近黑；尾上覆羽白色；腹部灰；尾下白；叉形尾黑色，但基部及外缘白色。虹膜深褐；嘴黑色，嘴基猩红；脚深褐。

分布状况： 繁殖于亚洲东部；冬季南迁经印度尼西亚至澳大利亚。

生活习性： 形态优雅，以小群至大群活动，性喧闹。与其他涉禽混群，栖于开阔地、沼泽地及稻田。善走，头不停点动。飞行优雅似燕鸥，常在鱼塘上空捕捉昆虫。

保护级别： 福建省一般保护野生动物

季 节 型： 旅鸟

地 理 型： 古北界

101 黑尾鸥

（何　川　摄）

英 文 名： Black-tailed Gull

拉丁学名： *Larus crassirostris*

形态特征： 体长约47cm。嘴长，黄色，末端红色和有黑色圈。成鸟翼上和上背均匀深灰色，腰白，尾白而具宽大的黑色次端带。两翼狭长，合拢的翼尖上具4个白色斑点。冬季头顶及枕有深色纵纹。第一冬的鸟多沾褐，脸部色浅，嘴粉红而端黑，尾黑，尾上覆羽白。第二年似成鸟但翼尖褐色，尾上黑色较多。虹膜黄色；嘴黄色，嘴尖红色，继以黑色环带；脚绿黄色。

分布状况： 日本沿海及中国海域。

生活习性： 繁殖于多岩岛屿。松散群栖。

保护级别： 福建省一般保护野生动物

季 节 型： 冬候鸟

地 理 型： 古北界

102 海 鸥

（刘学忠 摄）

（刘学忠 摄）

英 文 名： Mew Gull

拉丁学名： *Larus canus*

形态特征： 体长约45cm。初级飞羽羽尖白色，具大块的白色翼镜，尾白。冬季头及颈散见褐色细纹，有时嘴尖有黑色。第一冬的鸟尾具黑色次端带，头、颈、胸及两胁具浓密的褐色纵纹，上体具褐斑。第二年鸟似成鸟但头上褐色较深，翼尖黑而翼镜小。虹膜黄色；嘴绿黄色；脚绿黄色。

分布状况： 欧洲、亚洲至阿拉斯加及北美洲西部。

生活习性： 结群繁殖于淡水生境。

保护级别： 福建省一般保护野生动物

季 节 型： 冬候鸟

地 理 型： 古北界

（刘学忠 摄）

飘飘何所似？天地一沙鸥。——唐·杜甫《旅夜书怀》

103 织女银鸥

（何 川 摄）

英 文 名： Vega Gull

拉丁学名： *Larus vegae*

形态特征： 体长约 62cm。大型鸥类，嘴粗大，冬鸟头及颈背具深色纵纹，并及胸部。通常三级飞羽及肩部具白色的宽月牙形斑。合拢的翼上可见多至 5 枚大小相等的突出白色翼尖。飞行时于第十枚初级飞羽上可见中等大小的白色翼镜，第九枚具较小翼镜。浅色的初级飞羽及次级飞羽内边与白色翼下覆羽对比不明显。虹膜浅黄至偏褐；嘴黄色，前端有红点；脚粉红色。

分布状况： 繁殖于俄罗斯北部及西伯利亚北部，沿亚洲东部海岸南迁越冬。

生活习性： 具松散的群栖性。常见于沿海、内陆水域。

保护级别： 福建省重点保护野生动物

季 节 型： 冬候鸟

地 理 型： 古北界

104 黄脚银鸥

（江航东 摄）

英 文 名： Yellow-legged Gull

拉丁学名： *Larus cachinnans*

形态特征： 体长约60cm。似织女银鸥，但头较圆，嘴较小，上体浅灰至中灰。脚鲜明橙黄色，眼黄色，眼眶偏红成环状。冬鸟头及颈背褐色纵纹比织女银鸥少。虹膜黄色；嘴黄色，上具红点；脚橙黄色。

分布状况： 欧亚大陆中部和北部繁殖，南迁越冬。

生活习性： 同织女银鸥。

保护级别： 福建省重点保护野生动物

季 节 型： 冬候鸟

地 理 型： 古北界

105 红嘴鸥

（何 川 摄）

英 文 名： Common Black-headed Gull

拉丁学名： *Larus ridibundus*

形态特征： 体长约40cm。眼后具黑色点斑（冬季），嘴及脚红色。深巧克力褐色的头罩延伸至顶后，于繁殖期延至白色的后颈。翼前缘白色，翼尖的黑色并不长，翼尖无或微具白色点斑。第一冬鸟尾近尖端处具黑色横带，翼后缘黑色，体羽杂褐色斑。与棕头鸥的区别为体型较小，翼前缘白色明显，翼尖黑色几乎无白色点斑。虹膜褐色；嘴红色（亚成鸟嘴尖黑色）；脚红色（亚成鸟色较淡）。

分布状况： 在整个欧亚大陆的温带地区繁殖，南迁越冬，包括中国南部在内。

生活习性： 在海上时浮于水上或立于漂浮物或固定物上，或与其他海洋鸟类混群，在鱼群上做燕鸥样盘旋飞行。下落时，停栖于水面或地上。

保护级别： 福建省一般保护野生动物

季 节 型： 冬候鸟

季 节 型： 古北界

106 黑嘴鸥

（林　植 摄）

英 文 名： Saunders's Gull

拉丁学名： *Larus saundersi*

形态特征： 体长约33cm。上嘴尖端下曲成钩状覆盖下嘴。夏羽及冬羽均似红嘴鸥，但体型较小，具粗短的黑色嘴。夏羽头部的黑色延至颈后，色彩比红嘴鸥深。具清楚的白色眼环。初级飞羽合拢时呈斑马样图纹，飞行时白色后缘清晰可见，翼下初级飞羽外侧黑色。前三趾间具满蹼。虹膜褐色；嘴黑色；脚深红。

分布状况： 为中国东部特有的繁殖鸟。

生活习性： 与其他鸥类混群，飞行非常轻盈而似燕鸥，紧贴着潮线。取食方式为飞行中突然垂直下降，快降落时又一转身然后捕食螃蟹及其他蠕虫，如失误又赶紧飞至空中，几乎从不游泳。

保护级别： 福建省重点保护野生动物

季 节 型： 冬候鸟

地 理 型： 古北界

107 须浮鸥

（姜克红 摄）

英 文 名： Whiskered Tern

拉丁学名： *Chlidonias hybrida*

形态特征： 体长约25cm。尾浅开叉。繁殖羽额黑，胸腹灰色。非繁殖羽额白，头顶具细纹，顶后及颈背黑色，下体白，翼、颈背、背及尾上覆羽灰色。幼鸟似成鸟但具褐色杂斑，与非繁殖期白翅浮鸥区别为头顶黑，腰灰色，无黑色颊纹。

虹膜深褐；嘴红色（繁殖期）或黑色；脚红色。

分布状况： 东半球。在中国繁殖于东部，冬季南迁越冬。

生活习性： 结小群活动，偶成大群，常至离海20km左右的内陆，在漫水地和稻田上空觅食，取食时扎入浅水或低掠水面。

保护级别： 福建省一般保护野生动物

季 节 型： 旅鸟

地 理 型： 古北界

108 白翅浮鸥

（姜克红 摄）

英 文 名： White-winged Tern

拉丁学名： *Chlidonias leucoptera*

形态特征： 体长约23cm。尾浅开叉。繁殖羽成鸟的头、背及胸黑色，与白色尾及浅灰色翼成明显反差；翼上近白，翼下覆羽明显黑色。非繁殖羽成鸟上体浅灰，头后具灰褐色杂斑，下体白。与非繁殖期须浮鸥的区别为白色颈环较完整，头顶黑色较少，杂斑较多，黑色耳覆羽把黑色头顶及浅色腰隔开。虹膜深褐；嘴红色（繁殖期），黑色（非繁殖期）；脚橙红色。

分布状况： 繁殖于南欧及波斯湾，横跨亚洲至俄罗斯中部及中国；冬季南迁至非洲南部，并经印度尼西亚至澳大利亚，偶至新西兰。

生活习性： 沿海地区、港湾及河口。以小群活动，也至内陆稻田及沼泽觅食。飞行取食时低低掠过水面，顺风而飞捕捉昆虫。常栖于杆状物上。

保护级别： 福建省一般保护野生动物

季 节 型： 旅鸟

地 理 型： 古北界

109 鸥嘴噪鸥

（何　川　摄）

英 文 名： Gull-billed Tern

拉丁学名： *Gelochelidon nilotica*

形态特征： 体长约 39cm。体型颇大，色淡，嘴黑色粗壮，尾稍微开叉。成鸟非繁殖羽下体白色，上体灰，头白，颈背具灰色杂斑，黑色块斑过眼。繁殖羽头顶全黑。幼鸟似第一冬成鸟，但头顶及上体具褐色杂斑。虹膜褐色；嘴黑色；脚黑色。

分布状况： 几乎遍布全球。

生活习性： 沿海河口、泻湖及内陆淡 / 咸水湖。常徘徊飞行，取食时通常轻掠水面或于泥地捕食甲壳类及其他猎物，很少潜入水中。

保护级别： 福建省一般保护野生动物

季 节 型： 留鸟

地 理 型： 东洋界

110 红嘴巨鸥

（何 川 摄）

英 文 名： Caspian Tern

拉丁学名： *Hydroprogne caspia*

形态特征： 体长约52cm。体较大，红嘴粗大，尾微开叉。顶冠夏季黑色，冬季白并具纵纹。初级飞羽腹面黑色。亚成鸟上体具褐色横斑。第一冬鸟似成鸟，但两翼具褐色杂点，顶冠深黑。虹膜褐色；嘴红色，嘴尖偏黑；脚黑色。

分布状况： 几乎遍布全球。

生活习性： 沿海、湖泊、红树林及河口。

保护级别： 福建省一般保护野生动物

季 节 型： 留鸟

地 理 型： 东洋界

111 普通燕鸥

（江航东 摄）

英 文 名： Common Tern

拉丁学名： *Sterna hirundo*

形态特征： 体长约35cm。尾深叉型。繁殖羽头顶黑色，胸灰色。非繁殖羽额白，头顶具黑色及白色杂斑，上翼及背灰色，下体白，尾上覆羽、腰及尾白色。飞行时，非繁殖期成鸟及亚成鸟的特征为前翼具近黑的横纹，外侧尾羽羽缘近黑。第一冬鸟上体褐色浓重，上背具鳞状斑。虹膜褐色；嘴冬季黑色，夏季嘴基红色；脚偏红，冬季较暗。

分布状况： 繁殖于北美洲及古北界，冬季南迁至南美洲、非洲、印度洋、印度尼西亚及澳大利亚。

生活习性： 喜沿海水域，有时在内陆淡水区。歇息于突出的高地如钓鱼台及岩石。飞行有力，从高处冲下海面取食。

保护级别： 福建省一般保护野生动物

季 节 型： 旅鸟

地 理 型： 东洋界

112 粉红燕鸥

（林　植　摄）

英 文 名： Roseate Tern

拉丁学名： *Sterna dougallii*

形态特征： 体长约39cm。尾甚长而深叉，外侧尾羽没有黑色边缘，静立时，尾伸到翼末端后颇远处。繁殖羽成鸟头顶黑色，翼上及背部浅灰，下体白，胸部淡粉。非繁殖羽前额白色，头顶具杂斑，粉色消失。幼鸟嘴及腿黑色，头顶、颈背及耳覆羽灰褐，背比普通燕鸥的褐色深，尾白色而无延长。虹膜褐色；嘴黑色，繁殖期红色；脚繁殖期偏红，其余黑色。

分布状况： 几乎遍布全球。

生活习性： 栖于珊瑚岩和花岗岩岛屿及沙滩。常与其他燕鸥混群。飞行优雅，俯冲入水捕食鱼类。

保护级别： 福建省一般保护野生动物

季 节 型： 夏候鸟

地 理 型： 东洋界

113 黑枕燕鸥

（林 植 摄）

（江航东 摄）

英 文 名： Black-naped Tern

拉丁学名： *Sterna sumatrana*

形态特征： 体长约35cm。尾长而深叉，上体浅灰，下体白，头白，仅眼前具黑色点斑，颈背具黑色带。第一冬鸟头顶具褐色杂斑，颈背具近黑色斑。幼鸟头侧及颈背灰褐，上体近褐而具皮黄及灰色扇贝形斑，腰近白，尾圆而无叉。虹膜褐色；嘴黑色，嘴端黄色（成鸟），污黄（幼鸟）；脚黑色（成鸟）或黄色（雏鸟）。

分布状况： 印度洋、太平洋西部沿海的热带岛屿及澳大利亚北部。

生活习性： 喜群栖，与其他燕鸥混群，喜沙滩及珊瑚海滩，极少到泥滩，从不到内陆。

保护级别： 福建省一般保护野生动物

季 节 型： 夏候鸟

地 理 型： 东洋界

114 褐翅燕鸥

（何 川 摄）

英 文 名： Bridled Tern

拉丁学名： *Sterna anaethetus*

形态特征： 体长约37cm。尾呈深叉形。成鸟除翼上前缘及外侧尾羽白色外，上翼、背及尾均为深褐灰色，下体白。与乌燕鸥区别为狭窄的白色前额且狭窄白色眉纹延至眼后。幼鸟褐色浓重，头顶具褐色杂斑，胸灰色，背上具皮黄色横斑，比乌燕鸥幼鸟的点斑少，颈及胸白色。虹膜褐色；嘴黑色；脚黑色。

分布状况： 广布于大西洋、印度洋及太平洋至澳大利亚。

生活习性： 栖于外海，仅在坏天气或繁殖季节才靠近海岸。不很合群，常单独或成小群。飞行优雅轻盈。从海面上捕食昆虫或鱼类。不善潜水。常栖于海面漂浮杂物上，晚上停栖船上桅杆。与黑枕燕鸥混群繁殖。

保护级别： 福建省一般保护野生动物

季 节 型： 夏候鸟

地 理 型： 东洋界

115 白额燕鸥

（何 川 摄）

（何 川 摄）

英 文 名： Little Tern

拉丁学名： *Sterna albifrons*

形态特征： 体长约24cm。额部白色，尾开叉浅。繁殖羽头顶、颈背及过眼线黑色。非繁殖羽头顶及颈背黑色减小至月牙形，翼前缘黑色后缘白色。幼鸟似非繁殖期成鸟但头顶及上背具褐色杂斑，尾白而尾端褐，嘴暗淡。虹膜褐色；嘴黄色具黑色嘴端（夏季）或黑色；脚黄色。

分布状况： 美国西部沿海、加勒比海、古北界西部、非洲、印度洋、印度、东亚及东南亚至印度尼西亚、澳大利亚。

生活习性： 栖居于海边沙滩，与其他燕鸥混群。定点振翅，拍翼迅速，俯冲入水。

保护级别： 福建省一般保护野生动物

季 节 型： 夏候鸟

地 理 型： 东洋界

116 大凤头燕鸥

（何 川 摄）

英 文 名： Great Crested-Tern
拉丁学名： *Thalasseus bergii*
形态特征： 体长约 45cm。尾部开叉适中，嘴大且黄色，白色的额部显眼，黑色的头顶后面是杂乱的冠羽，上体灰，下体白。幼鸟较成鸟灰色深沉，上体具褐色及白色杂斑，嘴比较深色。虹膜褐色；嘴黄色；脚黑色。
分布状况： 分布遍及印度洋沿海及岛屿、波斯湾、太平洋的热带海域、澳大利亚、非洲南部沿海。
生活习性： 三三两两成小群捕食鱼类，有时与其他燕鸥混群。入水动作笨拙。歇息于海滩、海上浮标及钓鱼台或水上漂浮物上。常至远海。
保护级别： 福建省一般保护野生动物
季 节 型： 留鸟
地 理 型： 东洋界

117 山斑鸠

（林 植 摄）

英 文 名： Oriental Turtle Dove

拉丁学名： *Streptopelia orientalis*

形态特征： 体长约32cm。成鸟头有蓝灰色斑块，内有5条黑色横纹。上背羽毛深色鳞片状，羽缘红棕色。下体多偏粉色，腰蓝灰色，尾羽末端浅灰色，形成一条完整的尾带。虹膜黄色；嘴灰色；脚粉红。

分布状况： 亚洲东部。广泛分布，普遍易见。

生活习性： 成对活动，多在开阔农耕区、村庄及寺院周围，取食于地面。

保护级别： 福建省一般保护野生动物

季 节 型： 留鸟

地 理 型： 东洋界

118 珠颈斑鸠

（黄　淦　摄）

英 文 名： Spotted Dove

拉丁学名： *Streptopelia chinensis*

形态特征： 体长约30cm。体粉褐色，后颈下部至颈侧有满布白点的黑色颈带。尾略显长，外侧尾羽末端的白色甚宽，飞羽较体羽色深。虹膜橘黄色；嘴黑色；脚红色。

分布状况： 亚洲南部。十分普遍，广泛分布。

生活习性： 通常单独或小群出现，栖于村庄周围及稻田，地面取食，常成对立于开阔路面。受干扰飞起时，拍翼咔嗒有声，贴地而飞。

保护级别： 福建省一般保护野生动物

季 节 型： 留鸟

地 理 型： 东洋界

119 褐翅鸦鹃

（张 浩 摄）

英 文 名： Common Coucal

拉丁学名： *Centropus sinensis*

形态特征： 体长约52cm。嘴中等长，稍向下弯曲。体羽全黑，仅上背、翼及翼覆羽为纯栗红色。尾较长。四趾为对趾型。虹膜红色；嘴黑色；脚黑色。

分布状况： 印度、中国、东南亚、大巽他群岛及菲律宾。中国南方的常见留鸟，上至海拔800m。

生活习性： 喜林缘地带、次生灌木丛、多芦苇河岸及红树林。常下至地面，但也在小灌丛及树间跳动。

保护级别： 国家二级重点保护野生动物

季 节 型： 留鸟

地 理 型： 东洋界

120 小鸦鹃

（江航东 摄）

英 文 名： Lesser Coucal

拉丁学名： *Centropus bengalensis*

形态特征： 体长约 42cm。嘴中等长，稍向下弯曲。似褐翅鸦鹃但体型较小，色彩暗淡。上背及两翼的栗色较浅且现黑色。尾较长。四趾为对趾型。亚成鸟具褐色条纹。中间色型的体羽常见。虹膜红色；嘴黑色；脚黑色。

分布状况： 印度、中国、东南亚、菲律宾及印度尼西亚。

生活习性： 喜山边灌木丛、沼泽地带及开阔的草地包括高草。常栖地面，有时做短距离的飞行，由植被上掠过。

保护级别： 国家二级重点保护野生动物

季 节 型： 留鸟

地 理 型： 东洋界

121 领角鸮

（何　川　摄）

（林　晨　摄）

英 文 名： Collared Scops Owl

拉丁学名： *Otus bakkamoena*

形态特征： 体长约23cm。头形宽大，两眼大，位置向前。嘴坚强而钩曲，嘴基盖以蜡膜。具明显耳羽簇和浅沙色颈圈。上体偏灰或沙褐，并多具黑色及皮黄色的杂纹或斑块。下体皮黄色，条纹黑色。爪强硬而弯曲，外趾向后转动。虹膜深褐；嘴黄色；脚污黄。

分布状况： 亚洲东部和东南部。常见的角鸮，可至海拔1600m，包括城郊的林阴道。

生活习性： 大部分夜间栖于低处。从栖处跃下地面捕捉猎物。

保护级别： 国家二级重点保护野生动物

季 节 型： 留鸟

地 理 型： 东洋界

122 斑头鸺鹠

（林　晨　摄）

英 文 名： Barred Owlet

拉丁学名： *Glaucidium cuculoides*

形态特征： 体长约24cm。眼大，黄色，位置向前。嘴坚强而钩曲，嘴基盖以蜡膜。白色的颏纹明显。上体棕栗色而具赭色横斑，沿肩部有一道白色线条将上体断开。下体几乎全褐色，具红褐色横斑。臀部白色，两胁栗色。爪强硬而弯曲，外趾向后转动。虹膜黄褐；嘴偏绿色而端黄；脚绿黄。

分布状况： 喜马拉雅山脉、印度东北部至中国南部及东南亚。

生活习性： 常光顾庭园、村庄、原始林及次生林。主为夜行性，有时白天也活动。

保护级别： 国家二级重点保护野生动物

季 节 型： 留鸟

地 理 型： 东洋界

123 鹰鸮

（陈加盛 摄）

英 文 名： Brown Hawk Owl

拉丁学名： *Ninox scutulata*

形态特征： 体长约 30cm。纤瘦圆头，眼大，夺目金黄色，位置向前。嘴坚强而钩曲，嘴基盖以蜡膜。上体深褐，下体皮黄，具宽阔的红褐色纵纹。臀、颏及嘴基部的点斑均白。尾长有横纹。爪强硬而弯曲，外趾向后转动。虹膜亮黄；嘴蓝灰，蜡膜绿色；脚黄色。

分布状况： 亚洲东部。

生活习性： 性活跃，黄昏前活动于林缘地带，飞行追捕空中昆虫。有时以家庭为群围绕林中空地一起觅食。

保护级别： 国家二级重点保护野生动物

季 节 型： 留鸟

地 理 型： 东洋界

124 普通夜鹰

（倪光辉 摄）

英 文 名： Grey Nightjar

拉丁学名： *Caprimulgus indicus*

形态特征： 体长约28cm。躯体灰褐色，头部有黑色条纹，嘴须长，可前后活动。雄鸟尾部近末端处有条中间断开的白色横带，初级飞羽有小白斑。雌鸟似雄鸟，但翼和尾通常没有任何明显的浅色斑。虹膜褐色；嘴偏黑；脚巧克力色。

分布状况： 亚洲东部。

生活习性： 喜平原、开阔山地及灌丛。白天栖于地面或横枝，黄昏在村落附近飞过树丛、农田，张嘴在空中兜捕昆虫，嘴须可前后活动，具拦虫作用。

保护级别： 福建省一般保护野生动物

季 节 型： 留鸟

地 理 型： 东洋界

孤云将野鹤，岂向人间住？——唐·刘长卿《送上人》

125 白腰雨燕

（姚　毅 摄）

英 文 名： Fork-tailed Swift

拉丁学名： *Apus pacificus*

形态特征： 体长约18cm。躯体污褐色，尾长而深叉，颏偏白，腰上有白斑。与小白腰雨燕区别在于体大而色淡，喉色较深，腰部白色马鞍形斑较窄，体型较细长，尾叉开。虹膜深褐；嘴黑色；脚偏紫色。

分布状况： 繁殖于西伯利亚及东亚，迁移经东南亚至印度尼西亚、新几内亚及澳大利亚越冬。

生活习性： 成群活动于开阔地区，常常与其他雨燕混合。飞行时较悠闲，觅食时做不规则的振翅和转弯。

保护级别： 福建省一般保护野生动物

季 节 型： 夏候鸟

地 理 型： 东洋界

无可奈何花落去，似曾相识燕归来。——宋·晏殊《浣溪沙》

几处早莺争暖树，谁家新燕啄春泥。——唐·白居易《钱塘湖春行》

126 冠鱼狗

（何 川 摄）

英 文 名： Crested Kingfisher

拉丁学名： *Megaceryle lugubris*

形态特征： 体长约43cm。冠羽发达，上体青黑并多具白色横斑和点斑，蓬起的冠羽也如是。大块的白斑由颊区延至颈侧，下有黑色髭纹。下体白色，具黑色的胸部斑纹，两胁具皮黄色横斑。雌鸟翼有红棕色覆羽，冠羽较多白色。虹膜褐色；嘴黑色；脚黑色。

分布状况： 亚洲东部和南部。中国东部和南部。

生活习性： 常光顾流速快、多砾石的清澈河流及溪流。栖于大块岩石。飞行慢而有力且不盘飞。

保护级别： 福建省一般保护野生动物

季 节 型： 留鸟

地 理 型： 东洋界

127 斑鱼狗

（何 川 摄）

（张 浩 摄）

英 文 名： Pied Kingfisher

拉丁学名： *Ceryle rudis*

形态特征： 体长约30cm。躯体黑白两色。初级飞羽及尾羽基白而稍黑。下体白色。雄鸟有两条黑色胸带，下面一条较狭窄。雌鸟和幼鸟只有一条胸带，且很多时候中间断开。与冠鱼狗的区别在体于型较小，冠羽较小，具显眼白色眉纹。虹膜褐色；嘴黑色；脚黑色。

分布状况： 亚洲南部、非洲。中国东部和南部。

生活习性： 成对或结群活动于较大水体及红树林。经常在水面空中定点振翅，寻找食物。

保护级别： 福建省一般保护野生动物

季 节 型： 留鸟

地 理 型： 东洋界

鸟飞反故乡兮，狐死必首丘。——战国·屈原《九章哀郢》

128 白胸翡翠

（何　川 摄）

英 文 名： White-throated Kingfisher

拉丁学名： *Halcyon smyrnensis*

形态特征： 体长约28cm。上背、翼及尾鲜亮蓝色略带绿色，头、颈及下体余部巧克力褐色，颏、喉及胸部白色，翼上覆羽上部及翼端黑色。虹膜深褐色；嘴深红；脚红色。

分布状况： 亚洲南部。中国南部。

生活习性： 性活泼而喧闹，捕食于旷野、河流、池塘及海边。

保护级别： 福建省一般保护野生动物

季 节 型： 留鸟

地 理 型： 东洋界

129 蓝翡翠

（江航东 摄）

英 文 名： Black-capped Kingfisher

拉丁学名： *Halcyon pileata*

形态特征： 体长约30cm。头部和翼上覆羽黑色，上体亮丽蓝色，腹部淡红棕色，飞行时白色翼斑明显。虹膜深褐色；嘴红色；脚红色。

分布状况： 繁殖于中国及朝鲜，南迁越冬远至印度尼西亚。

生活习性： 喜大河流两岸、河口及红树林。栖于悬于河上的枝头。

保护级别： 福建省一般保护野生动物

季 节 型： 夏候鸟

地 理 型： 东洋界

130 普通翠鸟

（何 川 摄）

英 文 名： Common Kingfisher

拉丁学名： *Alcedo atthis*

形态特征： 体长约 17cm。上体浅蓝绿色，颈侧具白色点斑，下体橙棕色，颏白。橘黄色条带横贯眼部及耳羽。幼鸟色黯淡，具深色胸带。虹膜褐色；嘴黑色（雄鸟），下颚橘黄色（雌鸟）；脚红色。

分布状况： 广泛分布于欧亚大陆、东南亚、印度尼西亚至新几内亚。

生活习性： 常出没于开阔郊野的淡水湖泊、溪流、运河、鱼塘及红树林。栖于岩石或探出的枝头上，转头四顾寻鱼而入水捉之。

保护级别： 福建省一般保护野生动物

季 节 型： 留鸟

地 理 型： 广布种

131 蓝喉蜂虎

（林　晨 摄）

英 文 名： Blue-Throated Bee-eater

拉丁学名： *Merops viridis*

形态特征： 体长约 28cm（包括延长的中央尾羽）。嘴细长而拱曲，成鸟中央尾羽延长，头顶及上背巧克力色，过眼线黑色，翼蓝绿色，腰及长尾浅蓝，下体浅绿，以蓝喉为特征；亚成鸟尾羽无延长，头及上背绿色。趾 3 前 1 后，呈并趾型。虹膜红色或褐色；嘴黑色；脚灰色或褐色。

分布状况： 中国南部、东南亚、大巽他群岛及菲律宾。

生活习性： 近海低洼外的开阔原野及林地。

保护级别： 福建省重点保护野生动物

季 节 型： 夏候鸟

地 理 型： 东洋界

132 三宝鸟

（江航东 摄）

英 文 名： Dollarbird

拉丁学名： *Eurystomus orientalis*

形态特征： 体长约30cm。具宽阔的红嘴（亚成鸟为黑色），上嘴先端微钩曲。整体色彩为暗蓝灰色，喉为亮丽蓝色，不过颜色随着光线变化。飞行时两翼中心有对称的亮蓝色圆圈状斑块。虹膜褐色；嘴珊瑚红色，端黑；脚橘黄色、红色。

分布状况： 亚洲东南部、大洋洲。

生活习性： 常栖于有稀疏树木的山边。偶尔起飞追捕过往昆虫，或向下俯冲捕捉地面昆虫。飞行姿势似夜鹰，怪异、笨重，胡乱盘旋或拍打双翅。有时三两只鸟于黄昏一道翻飞或俯冲，求偶期尤是。

保护级别： 福建省重点保护野生动物

季 节 型： 夏候鸟

地 理 型： 东洋界

鸟宿池边树，僧敲月下门。——唐·贾岛《题李凝幽居》

133 戴 胜

（何 川 摄）

英 文 名： Eurasian Hoopoe

拉丁学名： *Upupa epops*

形态特征： 体长约 30cm。嘴长而拱曲，具长而尖黑的耸立型粉棕色丝状冠羽。头、上背、肩及下体粉棕，两翼及尾具黑白相间的条纹。虹膜褐色；嘴黑色；脚黑色。

分布状况： 欧亚大陆。在中国大部地区有分布，为常见留鸟和候鸟。高可至海拔 3000m。

生活习性： 性活泼，喜开阔潮湿地面，独居或成小群活动。

保护级别： 福建省重点保护野生动物

季 节 型： 留鸟

地 理 型： 广布种

134 蚁䴕

（张　浩 摄）

英 文 名： Eurasian Wryneck

拉丁学名： *Jynx torquilla*

形态特征： 体长约19cm。体羽灰色和褐色斑驳杂乱，嘴短呈圆锥形，颈部转动灵活。贯眼纹深色，中央冠纹黑色，一直伸展到背部。下体具小横斑。尾较长，具不明显的横斑。虹膜淡褐；嘴角质色；脚褐色。

分布状况： 非洲、欧亚、印度、东南亚、中国大陆及台湾。

生活习性： 不同于其他啄木鸟，蚁䴕栖于树枝而不攀树，也不叩啄树干取食。喜灌丛，通常单独活动，取食地面蚂蚁。人近时做头部往两侧扭动的动作。

保护级别： 福建省一般保护野生动物

季 节 型： 冬候鸟

地 理 型： 古北界

吊影分为千里雁，辞根散作九秋蓬。——唐·白居易《望月有感》

135 大斑啄木鸟

（张 浩 摄）

英 文 名： Great Spotted Woodpecker

拉丁学名： *Picoides major*

形态特征： 体长约24cm。主要是黑白两色，背部黑色，肩羽有大块白斑，胸部白色，臀部红色。雄鸟头顶黑色，枕部红色。雌鸟头顶全黑色，而幼鸟头顶红色。虹膜近红；嘴灰色；脚灰色。

分布状况： 欧亚大陆的温带林区，印度东北部，缅甸西部、北部及东部，印度支那北部。

生活习性： 典型的本属特性，趾二前二后，尾羽羽干坚硬如棘，适应攀爬支撑，錾树洞营巢。叩啄树干中的昆虫。

保护级别： 福建省一般保护野生动物

季 节 型： 留鸟

地 理 型： 东洋界

136 星头啄木鸟

（林 晨 摄）

英 文 名： Grey-capped Woodpecker

拉丁学名： *Picoides canicapillus*

形态特征： 体长约15cm。体羽具黑白色条纹，头顶灰色，下体无红色。雄鸟眼后上方具红色条纹，近黑色条纹的腹部棕黄色。虹膜淡褐；嘴灰色；脚绿灰色。

分布状况： 巴基斯坦、中国、东南亚、婆罗洲及苏门答腊。

生活习性： 叩啄树干中的昆虫。

保护级别： 福建省一般保护野生动物

季 节 型： 留鸟

地 理 型： 东洋界

137 云雀

（林 植 摄）

英 文 名： Eurasian Skylark

拉丁学名： *Alauda arvensis*

形态特征： 体长约 18cm。顶冠及耸起的羽冠具细纹，背部灰褐色带杂斑，尾较长，羽缘白色，后翼缘的白色于飞行时可见。虹膜深褐；嘴角质色；脚肉色。

分布状况： 繁殖于欧洲至外贝加尔、朝鲜、日本及中国北方；越冬至北非、伊朗及印度西北部。

生活习性： 栖于草地、干旱平原、泥淖及沼泽。以活泼悦耳的鸣声著称，高空振翅飞行时鸣唱，接着做极壮观的俯冲而回到地面的覆盖处。正常飞行起伏不定。警惕时下蹲。

保护级别： 福建省一般保护野生动物

季 节 型： 冬候鸟

地 理 型： 古北界

138 小云雀

（何　川 摄）

英 文 名： Oriental Skylark

拉丁学名： *Alauda gulgula*

形态特征： 体长约 15cm。具浅色眉纹及羽冠，受惊时竖起头后的短羽冠，背部灰褐色带杂斑，翼后缘微带褐色但不显眼，外侧尾羽偏白。与云雀十分相似，但躯体较小，上体颜色对比较浅。虹膜褐色；嘴角质色；脚肉色。

分布状况： 繁殖于古北界；冬季南迁。

生活习性： 栖于长有短草的开阔地区。

保护级别： 福建省一般保护野生动物

季 节 型： 留鸟

地 理 型： 东洋界

139 家 燕

（林 晨 摄）

（何 川 摄）

（李龄峰 摄）

英 文 名： Barn Swallow

拉丁学名： *Hirundo rustica*

形态特征： 体长约20cm（包括尾羽延长部）。嘴形短阔，从背面看似三角形，嘴裂深。翼尖长。上体钢蓝色。胸偏红而具一道蓝色胸带，腹白。尾羽长，分叉成深"V"形，近端处具白色点斑。亚成鸟体羽色暗，尾无延长。虹膜褐色；嘴及脚黑色。

分布状况： 几遍及全世界。繁殖于北半球，冬季南迁经非洲、亚洲、东南亚、菲律宾及印度尼西亚至新几内亚、澳大利亚。

生活习性： 集群活动，在高空滑翔及盘旋，或低飞于地面或水面捕捉小昆虫。在屋檐下或梁上筑巢，巢为碗状泥巢。

保护级别： 福建省重点保护野生动物

季 节 型： 夏候鸟

地 理 型： 东洋界

三月残花落更开，小檐日日燕飞来。——宋·王令《送春》

140 金腰燕

（江航东 摄）

英 文 名： Red-rumped Swallow

拉丁学名： *Hirundo daurica*

形态特征： 体长约18cm。嘴形短阔，从背面看似三角形，嘴裂深。翼尖长。浅栗色的腰与深钢蓝色的上体成对比，下体白而多具黑色细纹，尾长而叉深。虹膜褐色；嘴及脚黑色。

分布状况： 欧亚大陆和非洲。常见于中国的大部分地区。

生活习性： 集群活动，常低飞于地面或水面捕捉小昆虫。

保护级别： 福建省重点保护野生动物

季 节 型： 夏候鸟

地 理 型： 东洋界

双飞燕子几时回，夹岸桃花蘸水开。——宋·徐俯《春游湖》

141 树鹨

（何　川　摄）

英 文 名： Orienfnl Tree Pipit

拉丁学名： *Anthus hodgsoni*

形态特征： 体长约15cm。具粗显的白色眉纹。背部橄榄绿色，略带纵纹。喉及两胁皮黄色，胸及两胁黑色纵纹浓密。经常上下摆动尾巴。虹膜褐色；嘴下嘴偏粉，上嘴角质色；脚粉红色。

分布状况： 亚洲东部。

生活习性： 常见于耕地和林区，通常组成小群，受惊扰时飞上架空电线或者树上。

保护级别： 福建省一般保护野生动物

季 节 型： 冬候鸟

地 理 型： 古北界

蝉噪林愈静，鸟鸣山更幽。——唐·王籍《入若耶溪》

142 红喉鹨

（江航东 摄）

英文名： Red-throated Pipit

拉丁学名： *Anthus cervinus*

形态特征： 体长约15cm。繁殖羽头部偏红色。非繁殖羽与树鹨相似，但上体褐色较重，且黑色粗纵纹明显，头部色钱。腰部多具纵纹并具黑色斑块，胸部较少粗黑色纵纹，喉部多粉红色。虹膜褐色；嘴角质色，基部黄色；脚肉色。

分布状况： 繁殖于古北区北部；迁徙至非洲、印度北部、东南亚至马来半岛、菲律宾、苏拉威西岛及婆罗洲。

生活习性： 喜湿润的地方，包括稻田等耕作区。

保护级别： 福建省一般保护野生动物

季节型： 冬候鸟

地理型： 古北界

143 水鹨

（林　植　摄）

英 文 名： Water Pipit

拉丁学名： *Anthus spinoletta*

形态特征： 体长约15cm。眉纹显著，上体偏灰色具纵纹。繁殖羽下体粉红而几无纵纹，眉纹粉红。非繁殖羽粉皮黄色的粗眉线明显，背灰而具黑色粗纵纹，胸及两胁具浓密的黑色点斑或纵纹。虹膜褐色；嘴灰色；脚偏粉色。

分布状况： 亚洲东北部及北美洲繁殖，南徙越冬，包括中国南部。

生活习性： 通常藏隐于近溪流处。

保护级别： 福建省一般保护野生动物

季 节 型： 冬候鸟

地 理 型： 古北界

144 田鹨

（江航东 摄）

英 文 名： Paddyfield Pipit

拉丁学名： *Anthus richardi*

形态特征： 体长约18cm。长脚，站姿笔直，上体皮黄色具纵纹。细纵纹组成的横带仅限于胸部，后爪很长，站势较高。虹膜褐色；嘴粉红褐；脚粉红色。

分布状况： 印度至缅甸、东南亚及中国西南部。

生活习性： 见于稻田及短草地。急速于地面奔跑，进食时尾摇动。

保护级别： 福建省一般保护野生动物

季 节 型： 夏候鸟

地 理 型： 东洋界

145 白鹡鸰

（何 川 摄）

英 文 名： White Wagtail

拉丁学名： *Motacilla alba*

形态特征： 体长约 20cm。上体灰色，下体白。头后、颈背及胸具黑色斑纹，黑色的多少随亚种而异。虹膜褐色；嘴及脚黑色。

分布状况： 欧亚大陆、非洲。

生活习性： 栖于近水的开阔地带、稻田、溪流边及道路上。受惊扰时飞行骤降并发出示警叫声。

保护级别： 福建省一般保护野生动物

季 节 型： 留鸟

地 理 型： 东洋界

146 灰鹡鸰

（林　晨　摄）

英 文 名：Grey Wagtail

拉丁学名：*Motacilla cinerea*

形态特征：体长约19cm。上体灰色，下体黄色（亚成鸟灰色），腰黄绿色，白眉纹明显。繁殖羽雄鸟喉部黑色。与黄鹡鸰的区别在于上背灰色，飞行时白色翼斑和黄色的腰显现，且尾较长，喉部一定不是黄色。虹膜褐色；嘴黑褐；脚粉灰色。

分布状况：繁殖于欧洲至西伯利亚及阿拉斯加；南迁至非洲、印度、东南亚、菲律宾、印度尼西亚至新几内亚及澳大利亚。

生活习性：常光顾多岩溪流并在潮湿砾石或沙地觅食，也于最高山脉的高山草甸上活动。

保护级别：福建省一般保护野生动物

季 节 型：冬候鸟

地 理 型：古北界

147 黄头鹡鸰

（林　晨 摄）

英 文 名： Citrine Wagtail

拉丁学名： *Motacilla citreola*

形态特征： 体长约19cm。不论年龄和季节，翼黑色，有2条白色翼带，背和腰灰色。夏季雄鸟头和下体黄色，后颈黑色，背灰色。冬季雄鸟和夏季雌鸟与黄鹡鸰相似，但背灰色，有明显的白色翼带，额黄色，脸颊灰色，臀部白色。虹膜深褐色；嘴黑色；脚近黑。

分布状况： 欧亚大陆、非洲、中国全境繁殖。

保护级别： 福建省一般保护野生动物

季 节 型： 冬候鸟

地 理 型： 古北界

148 黄鹡鸰

（黄 淦 摄）

英 文 名： Yellow Wagtail

拉丁学名： *Motacilla flava*

形态特征： 体长约 18cm。毛色颇多变化，但全部有黄色下体，橄榄绿色的背，尾羽外侧白色。虹膜褐色；嘴褐色；脚褐至黑色。

分布状况： 繁殖于欧洲至西伯利亚及阿拉斯加；南迁至印度、中国、东南亚、菲律宾、印度尼西亚、新几内亚及澳大利亚。

生活习性： 喜稻田、沼泽边缘及草地。常结成甚大群，在牲口及水牛周围取食。

保护级别： 福建省一般保护野生动物

季 节 型： 冬候鸟

地 理 型： 古北界

149 灰喉山椒鸟

（唐庆圆 摄）

（黄 淦 摄）

英 文 名： Grey-throated minivet

拉丁学名： *Pericrocotus solaris*

形态特征： 体长约18cm。雄鸟体羽红色，喉及耳羽暗深，有别于赤红山椒鸟。雌鸟体羽黄色，与赤红山椒鸟的区别在于额没有黄色。虹膜深褐；嘴及脚黑色。

分布状况： 喜马拉雅山脉、中国南方、东南亚至大巽他群岛。

生活习性： 栖息于平原、丘陵、山地的杂木林、阔叶林、针叶林等。结小群活动，性活泼，常在树间窜飞跳跃觅食，少落地。

保护级别： 福建省一般保护野生动物

季 节 型： 留鸟

地 理 型： 东洋界

150 赤红山椒鸟

雌

（黄 淦 摄）

雄

（何 川 摄）

英 文 名： Scarlet Minivet

拉丁学名： *Pericrocotus flammeus*

形态特征： 体长约 20cm。雄鸟头和上背蓝黑，胸、腹部、腰、尾羽羽缘及翼上的两道斑纹红色。雌鸟背部多灰色，黄色替代雄鸟的红色，且黄色延至喉、颏、耳羽及额头。虹膜褐色；嘴及脚黑色。

分布状况： 印度、中国南方、东南亚、菲律宾及大巽他群岛。

生活习性： 喜原始森林，多成对或成小群活动，在小叶树的树顶上轻松飞掠。

保护级别： 福建省一般保护野生动物

季 节 型： 留鸟

地 理 型： 东洋界

151 绿翅短脚鹎

（何　川　摄）

英 文 名： Mountain Bulbul

拉丁学名： *Hypsipetes mcclellandii*

形态特征： 体长约 24cm。头顶深褐具偏白色细纹，羽冠短而尖。颈背及上胸棕色，喉偏白而具纵纹。背、两翼及尾偏绿色。腹部及臀偏白。虹膜褐色；嘴近黑；脚粉红。

分布状况： 喜马拉雅山脉至中国南方、缅甸、印度支那及东南亚。

生活习性： 以小型果实及昆虫为食，有时结成大群。

保护级别： 福建省一般保护野生动物

季 节 型： 留鸟

地 理 型： 东洋界

152 栗背短脚鹎

（何　川　摄）

英 文 名： Chestnut Bulbul

拉丁学名： *Hypsipetes flavala*

形态特征： 体长约 21cm。头顶黑色而略具羽冠，头部两侧栗褐色，喉白，腹部偏白；胸及两胁浅灰；两翼及尾灰褐，覆羽及尾羽边缘绿黄色。虹膜褐色；嘴深褐色；脚深褐色。

分布状况： 中国南方及越南西北部。

生活习性： 常结成活跃小群。藏身于甚茂密的植丛。

保护级别： 福建省一般保护野生动物

季 节 型： 留鸟

地 理 型： 东洋界

153 红耳鹎

（张 浩 摄）

（姜克红 摄）

英 文 名： Red-whiskered Bulbul

拉丁学名： *Pycnonotus jocosus*

形态特征： 体长约20cm。黑色的羽冠长且直立，黑白色的头部图纹上具红色耳斑。上体余部偏褐色，下体皮黄，臀红，尾端具白色缘。亚成鸟无红色耳斑，臀粉红。虹膜褐色；嘴及脚黑色。

分布状况： 印度、中国南方及东南亚。

生活习性： 喜开阔林区、林缘、次生植被及村庄，也常见于公园。吵嚷、好动而喜群栖，常站在小树最高点鸣叫。

保护级别： 福建省一般保护野生动物

季 节 型： 留鸟

地 理 型： 东洋界

154 白头鹎

（何 川 摄）

英 文 名： Light-vented Bulbul

拉丁学名： *Pycnonotus sinensis*

形态特征： 体长约 19cm。黑色的头顶略具羽冠，髭纹黑色，眼后一白色宽纹伸至颈背，上体橄榄绿色，臀白。幼鸟头橄榄色，胸具灰色横纹。虹膜褐色；嘴近黑；脚黑色。

分布状况： 中国南方、越南北部及琉球群岛。

生活习性： 常见的群栖性鸟，栖于林缘、灌丛、红树林及林园。性活泼，结群于果树上活动。能在伫立处灵巧地飞扑捕捉昆虫。

保护级别： 福建省一般保护野生动物

季 节 型： 留鸟

地 理 型： 东洋界

155 白喉红臀鹎

（林　晨摄）

英 文 名： Sooty-headed Bulbul

拉丁学名： *Pycnonotus aurigaster*

形态特征： 体长约20cm。头顶及颏黑色，领环、腰、胸及腹部白，两翼黑，臀部鲜红色，尾褐色末端白色。幼鸟臀偏黄。与红耳鹎的区别在于冠羽较短，脸颊无红色。虹膜红色；嘴及脚黑色。

分布状况： 中国南方、东南亚及爪哇。

生活习性： 喜爱开阔林地、矮树林、山边和公园。群栖，吵嚷，性活泼，常与其他鹎类混群。

保护级别： 福建省一般保护野生动物

季 节 型： 留鸟

地 理 型： 东洋界

156 领雀嘴鹎

（何　川　摄）

英 文 名： Collared Finchbill

拉丁学名： *Spizixos semitorques*

形态特征： 体长约23cm。体羽偏绿色。厚重的嘴象牙色，具短羽冠，头偏黑，颈背灰色，嘴基周围近白色，脸颊具白色细纹。尾绿而尾端黑。虹膜褐色；嘴浅黄；脚偏粉色。

分布状况： 中国南方及印度支那北部。

生活习性： 喜好次生植被及灌丛，经常接近人类聚居处，结小群停栖于电线或竹林。飞行中捕捉昆虫。

保护级别： 福建省一般保护野生动物

季 节 型： 留鸟

地 理 型： 东洋界

157 橙腹叶鹎

（林 晨 摄）

英 文 名： Orange-bellied Leafbird

拉丁学名： *Chloropsis hardwickii*

形态特征： 体长约20cm。雄鸟上体绿色，下体暗橙色，两翼及尾蓝色，脸罩和胸兜黑色，髭纹蓝色。雌鸟鲜绿色，眼下有一条紫蓝色颊纹，腹中央有一道狭窄的赭石色条带。虹膜褐色；嘴及脚黑色。

分布状况： 喜马拉雅山脉、东南亚及中国南方。

生活习性： 栖山地、丘陵、内陆和滨海平原。单独或成小群活动于开阔的针阔混交林、阔叶林、公路和村落边的林间。

保护级别： 福建省一般保护野生动物

季 节 型： 留鸟

地 理 型： 东洋界

158 红尾伯劳

（倪光辉 摄）

英 文 名： Brown Shrike

拉丁学名： *Lanius cristatus*

形态特征： 体长约20cm。成鸟前额灰，眉纹白，宽宽的眼罩黑色，头顶及上体褐色，喉白，下体皮黄。亚成鸟似成鸟但背及体侧具深褐色细小的鳞状斑纹。虹膜褐色；嘴黑色；脚灰黑。

分布状况： 繁殖于东亚；冬季南迁至印度、东南亚、菲律宾、巽他群岛、苏拉威西、马鲁古群岛及新几内亚。

生活习性： 栖于开阔耕地及次生林，包括庭院及人工林。单独活动于灌丛、电线及小树上，捕食飞行中的昆虫或猛扑地面上的昆虫和小动物。

（林 晨 摄）

保护级别： 福建省一般保护野生动物

季 节 型： 旅鸟

地 理 型： 古北界

159 牛头伯劳

（黄 淦 摄）

英 文 名： Bull-headed Shrike

拉丁学名： *Lanius bucephalus*

形态特征： 体长约 20cm。雄鸟贯眼纹黑色，眉纹白色，背灰褐色，两胁沾棕色。飞行时初级飞羽基部的白色块斑明显，冬季头顶和枕部红棕色，夏季时头部颜色较淡，下体较白。雌鸟偏褐色，下体具细横纹，贯眼纹不明显，翼无白斑。虹膜深褐；嘴灰色，端黑；脚铅灰。

分布状况： 亚洲东北部繁殖，包括中国北部。中国东南部越冬。

生活习性： 喜次生植被及耕地。

保护级别： 福建省一般保护野生动物

季 节 型： 冬候鸟

地 理 型： 古北界

160 棕背伯劳

（林　晨　摄）

（何　川　摄）

英 文 名： Long-tailed Shrike

拉丁学名： *Lanius schach*

形态特征： 体长约25cm。成鸟额、眼纹、两翼及尾黑色，翼有一白色斑；头顶及颈背灰色或灰黑色；背、腰及体侧红褐；颏、喉、胸及腹中心部位白色。头及背部黑色的扩展随亚种而有不同。亚成鸟色较暗，两肋及背具横斑，头及颈背灰色较重。虹膜褐色；嘴及脚黑色。

分布状况： 亚洲南部。中国南部常见留鸟。

生活习性： 喜草地、灌丛及其他开阔地。立于低树枝，猛然飞出捕食飞行中的昆虫，常猛扑地面的蝗虫及甲壳虫。

保护级别： 福建省一般保护野生动物

季 节 型： 留鸟

地 理 型： 东洋界

161 黑卷尾

（刘学忠 摄）

英 文 名： Black Drongo

拉丁学名： *Dicrurus macrocercus*

形态特征： 体长约28cm。尾部分叉成深“V”状，外侧尾羽只略微翘起。幼鸟下体有带白色斑记。虹膜红色；嘴及脚黑色。

分布状况： 亚洲南部。繁殖遍及中国南部及东部。

生活习性： 偏爱有疏落树木的开阔原野，在面积较大的离岸岛屿数量特别多。常停落在架空电线或者牛背上，如波浪般起落飞行。

保护级别： 福建省一般保护野生动物

季 节 型： 夏候鸟

地 理 型： 东洋界

162 发冠卷尾

（陈加盛 摄）

英 文 名： Hair-Crested Drongo

拉丁学名： *Dicrurus hottentottus*

形态特征： 体长约32cm。尾羽几乎没有分叉，外侧尾羽向上翘起显著，以全身金属的光泽与黑卷尾区别。在野外，发冠不易见到。飞行时上下飞扑，飘浮不定。虹膜红或白色；嘴及脚黑色。

分布状况： 亚洲南部。繁殖遍及中国南部及东部。

生活习性： 偏爱有疏落树木的开阔原野，在面积较大的离岸岛屿数量特别多。很多时候停落在架空电线或者牛背上，如波浪般起落飞行。

保护级别： 福建省一般保护野生动物

季 节 型： 夏候鸟

地 理 型： 东洋界

163 灰背椋鸟

（林　植　摄）

英 文 名： White-shouldered Starling

拉丁学名： *Sturnus sinensis*

形态特征： 体长约19cm。雄鸟与其他椋鸟的区别在翼折合后覆羽及肩部白色，通体灰色，头顶及腹部偏白，飞羽黑，外侧尾羽羽端白色。雌鸟翼覆羽的白色较少。亚成鸟多褐色。虹膜蓝白；嘴灰色；脚灰色。

分布状况： 繁殖于中国南方及越南北部；冬季迁至东南亚、菲律宾及婆罗洲。

生活习性： 吵嚷成群地在旷野及花园食无花果并取食于其他花期和结果期的树木。

保护级别： 福建省一般保护野生动物

季 节 型： 留鸟

地 理 型： 东洋界

164 丝光椋鸟

（唐庆圆 摄）

英 文 名： Silky Starling

拉丁学名： *Sturnus sericeus*

形态特征： 体长约24cm。头色浅具近白色丝状羽，嘴红色抢眼，两翼及尾辉黑，飞行时初级飞羽的白斑明显，上体余部灰色。虹膜黑色；嘴红色，嘴端黑色；脚暗橘黄色。

分布状况： 中国、越南、菲律宾。

生活习性： 偏好开阔低地和沿岸沼泽。

保护级别： 福建省一般保护野生动物

季 节 型： 留鸟

地 理 型： 东洋界

165 灰椋鸟

（张　浩 摄）

（林　晨 摄）

英 文 名： White-cheeked Starling

拉丁学名： *Sturnus cineraceus*

形态特征： 体长约24cm。头黑，头侧具白色纵纹，臀、外侧尾羽羽端及次级飞羽狭窄横纹白色。雌鸟色浅而暗。虹膜偏红；嘴黄色，尖端黑色；脚暗橘黄色。

分布状况： 西伯利亚、中国、日本、越南北部及缅甸北部、菲律宾。

生活习性： 群栖性，常见于有稀疏树木的开阔郊野及农田。

保护级别： 福建省一般保护野生动物

季 节 型： 冬候鸟

地 理 型： 古北界

胡马依北风，越鸟巢南枝。——《古诗十九首》之《行行重行行》

166 黑领椋鸟

（黄 淦 摄）

英 文 名：Black-collared Starling

拉丁学名：*Sturnus nigricollis*

形态特征：体长约28cm。基本黑白两色。头白，颈环及上胸黑色；背及两翼黑色，翼缘白色；尾黑而尾端白；眼周裸露皮肤及腿黄色。雌鸟似雄鸟但多褐色。幼鸟少黑色颈环。虹膜黄色；嘴黑色；脚浅灰色。

分布状况：中国南方及东南亚。普遍易见，广泛分布。

生活习性：常见于农田，一般结小群取食于稻田、牧场及开阔地。

保护级别：福建省一般保护野生动物

季 节 型：留鸟

地 理 型：东洋界

167 八 哥

（林 晨 摄）

英 文 名： Crested Myna

拉丁学名： *Acridotheres cristatellus*

形态特征： 体长约26cm。冠羽突出，静立时，除了翼有小白斑，尾末端白色，以及尾下有白色鳞状幼纹外，整体看似黑色。飞行时现出明显白色翼斑。虹膜橘黄色；嘴浅黄色，嘴基红色；脚暗黄色。

分布状况： 中国南部及中部。

生活习性： 聚集成群生活，一般见于旷野或城镇及花园，在地面高视阔步而行。

保护级别： 福建省一般保护野生动物

季 节 型： 留鸟

地 理 型： 东洋界

168 松 鸦

（江航东 摄）

英 文 名： Eurasian Jay

拉丁学名： *Garrulus glandarius*

形态特征： 体长约33cm。体羽粉色，头顶羽毛可竖起成冠状，髭纹黑色，飞行时现出明显的白色腰，蓝色和白色的翼斑，尾黑色。虹膜浅褐；嘴灰色；脚肉棕色。

分布状况： 欧洲、西北非、喜马拉雅山脉、中东至日本、东南亚。

生活习性： 很多时候小群出现，性喧闹，喜栖于落叶林地及森林。以果实、鸟卵、动物尸体及橡树子为食。

保护级别： 福建省一般保护野生动物

季 节 型： 留鸟

地 理 型： 古北界

169 红嘴蓝鹊

（何 川 摄）

（黄 淦 摄）

英 文 名： Red-billed Blue Magpie

拉丁学名： *Urocissa erythrorhyncha*

形态特征： 体长约65cm。头黑而顶冠白，上体蓝色，腹部及臀白色，楔形尾特别长，外侧尾羽黑色而端白。虹膜红色；嘴红色；脚红色。

分布状况： 喜马拉雅山脉、印度东北部、中国、缅甸及印度支那。

生活习性： 常见并广泛分布于林缘地带、灌丛甚至村庄。性喧闹，结小群活动。以果实、小型鸟类及卵、昆虫和动物尸体为食，常在地面取食。

保护级别： 福建省一般保护野生动物

季 节 型： 留鸟

地 理 型： 东洋界

枯藤老树昏鸦，小桥流水人家。——元·马致远《秋思》

170 灰喜鹊

（唐庆圆 摄）

英 文 名： Azure-winged Magpie

拉丁学名： *Cyanopica cyana*

形态特征： 体长约38cm。嘴粗壮，顶冠、耳羽及后枕黑色，两翼天蓝色，尾长并呈蓝色，尾端白色。虹膜褐色，嘴黑色，脚黑色。

分布状况： 东北亚、中国、日本及伊比利亚半岛（可能为引种）。广泛分布于中国华东及东北地区。

生活习性： 性吵嚷，结群栖于开阔松林及阔叶林、公园甚至城镇。飞行时振翼快，做长距离的无声滑翔。在树上、地面及树干上取食，食物为果实、昆虫及动物尸体。

保护级别： 福建省重点保护野生动物

季 节 型： 留鸟

地 理 型： 东洋界

171 喜鹊

（何 川 摄）

英 文 名： Common Magpie

拉丁学名： *Pica pica*

形态特征： 体长约45cm。整体除两肩各有一大块白斑及腹羽白色外，全身均为黑色，飞羽闪蓝辉，尾羽闪绿辉。尾长超过翅长。虹膜褐色；嘴黑色；脚黑色。

分布状况： 欧亚大陆、北非、加拿大西部及美国加利福尼亚州西部。在中国分布广泛。

生活习性： 适应性强，山野、城镇均可为家。结小群活动。巢为胡乱堆搭的拱圆形树棍，经年不变。

保护级别： 福建省重点保护野生动物

季 节 型： 留鸟

地 理 型： 古北界

172 灰树鹊

（黄　淦 摄）

英 文 名： Grey Treepie

拉丁学名： *Dendrocitta formosae*

形态特征： 体长约33cm。独特的灰、褐、黑搭配。颈背灰色，上背褐色，两翼黑色，初级飞羽基部具白色斑块。下体灰色，腰及下背浅灰或白，臀棕色，楔形尾甚长、黑色。虹膜红褐色；嘴黑色，嘴基灰色；脚深灰色。

分布状况： 喜马拉雅山脉、印度东部及东北部、缅甸、泰国北部、印度支那北部和中国华中、华南及东南地区。

生活习性： 性嘈吵，立于低处等待猎物，于地面或树叶间捕食，常在树冠的中上层穿行跳跃。

保护级别： 福建省一般保护野生动物

季 节 型： 留鸟

地 理 型： 东洋界

明月别枝惊鹊，清风半夜鸣蝉。——宋·辛弃疾《西江月》

173 大嘴乌鸦

（刘学忠 摄）

英 文 名： Large-billed Crow

拉丁学名： *Corvus macrorhynchos*

形态特征： 体长约51cm。体羽全黑，嘴粗厚，头顶更显拱圆形，尾圆。虹膜褐色；嘴黑色；脚黑色。

分布状况： 亚洲中部和东部。

生活习性： 成对生活，喜栖于村庄周围、山区和有疏落树木的地区。

保护级别： 福建省一般保护野生动物

季 节 型： 留鸟

地 理 型： 古北界

（刘学忠 摄）

174 白颈鸦

（林　晨 摄）

英 文 名： Collared Crow

拉丁学名： *Corvus torquatus*

形态特征： 体长约50cm。嘴粗厚，体羽多数黑色，仅颈背及胸白色，使其有别于同地区的其他鸦类。虹膜深褐色；嘴黑色；脚黑色。

分布状况： 中国华中、华南及东南地区，至越南北部。

生活习性： 栖于平原、耕地、河滩、城镇及村庄。

保护级别： 福建省一般保护野生动物

季 节 型： 留鸟

地 理 型： 东洋界

175 蓝点颏［蓝喉歌鸲］

（刘学忠 摄）

英 文 名： Bluethroat

拉丁学名： *Luscinia svecica*

形态特征： 体长约15cm。白色眉纹显眼，外侧尾羽基部的栗色于飞行时特别明显。雄鸟喉部具栗色、蓝色及黑白色图纹，上体灰褐，下体白，尾深褐。雌鸟喉白微带褐色，有黑色胸带。虹膜深褐；嘴深褐；脚粉褐。

分布状况： 阿拉斯加；冬季南迁至印度、中国及东南亚。

生活习性： 惧生，常留于近水的覆盖茂密处。多取食于地面。走似跳，不时地停下抬头及闪尾；站势直。飞行快速，径直躲入覆盖下。

保护级别： 福建省一般保护野生动物

季 节 型： 旅鸟

地 理 型： 古北界

176 红点颏［红喉歌鸲］

（林　植　摄）

英 文 名： Siberian Rubythroat

拉丁学名： *Luscinia calliope*

形态特征： 体长约 16cm。具醒目的白色眉纹和颊纹，背部和尾褐色，两肋皮黄，腹部皮黄白。成年雄鸟有抢眼的红喉。雌鸟喉部白色，有时沾粉红色。虹膜褐色；嘴深褐；脚粉褐。

分布状况： 繁殖于东北亚。冬季至印度、中国南方及东南亚。

生活习性： 藏于森林密丛及次生植被；一般在近溪流处。

保护级别： 福建省一般保护野生动物

季 节 型： 旅鸟

地 理 型： 古北界

177 红胁蓝尾鸲

（何　川　摄）

（何　川　摄）

英 文 名： Red-Flanked Bluetail

拉丁学名： *Tarsiger cyanurus*

形态特征： 体长约15cm。喉白，两胁红棕色，尾部蓝色，腹部及臀白色。雄鸟上体蓝色，眉纹白；亚成鸟及雌鸟上体褐色。虹膜褐色；嘴黑色；脚灰色。

分布状况： 繁殖于亚洲东北部及喜马拉雅山脉。冬季迁至中国南方及东南亚。

生活习性： 长期栖于湿润山地森林及次生林的林下低处。

保护级别： 福建省一般保护野生动物

季 节 型： 冬候鸟

地 理 型： 古北界

178 鹊 鸲

（林 晨 摄）

英 文 名： Oriental Magpie-Robin

拉丁学名： *Copsychus saularis*

形态特征： 体长约 23cm。体羽黑白两色。雄鸟头、胸及背黑色，两翼及中央尾羽黑，外侧尾羽及覆羽上的条纹白色，腹及臀亦白。雌鸟似雄鸟，但深灰色取代黑色。亚成鸟似雌鸟但为杂斑。虹膜褐色；嘴及脚黑色。

分布状况： 印度、中国南方、菲律宾、东南亚及大巽他群岛。

生活习性： 常光顾花园、村庄、次生林、开阔森林及红树林。栖于显著处鸣唱或炫耀。取食多在地面，不停地把尾低放展开又骤然合拢伸直。

保护级别： 福建省一般保护野生动物

季 节 型： 留鸟

地 理 型： 东洋界

179 北红尾鸲

（何　川　摄）

（何　川　摄）

英 文 名： Daurian Redstart

拉丁学名： *Phoenicurus auroreus*

形态特征： 体长约15cm。雌雄都有宽大的白色翼斑和抢眼的红棕色腰和尾部。雄鸟眼先、头侧、喉、上背及两翼褐黑，仅翼斑白色；头顶及颈背灰色而具银色边缘；中央尾羽深黑褐。雌鸟褐色，白色翼斑显著。虹膜褐色；嘴黑色；脚黑色。

分布状况： 亚洲东部。

生活习性： 夏季栖于亚高山森林、灌木丛及林间空地，冬季栖于低地落叶矮树丛及耕地。常立于突出的栖处，尾颤动不停。

保护级别： 福建省一般保护野生动物

季 节 型： 冬候鸟

地 理 型： 古北界

180 红尾水鸲

（何 川 摄）

（何 川 摄）

英 文 名： Plumbeous Water-Redstart

拉丁学名： *Rhyacornis fuliginosus*

形态特征： 体长约14cm。经常站立在溪流中的石头上，不断扇开显眼的尾巴。雄鸟腰、臀及尾栗褐，其余部位深青石蓝色。雌鸟上体灰，眼圈色浅；下体白，灰色羽缘成鳞状斑纹，臀、腰及外侧尾羽基部白色；尾余部黑色；两翼黑色，覆羽及三级飞羽羽端具狭窄白色。虹膜深褐；嘴黑色；脚褐色。

分布状况： 巴基斯坦、喜马拉雅山脉至中国及印度支那北部。

生活习性： 单独或成对。多数时候在多砾石的溪流及河流两旁，或停栖于水中砾石。

保护级别： 福建省一般保护野生动物

季 节 型： 留鸟

地 理 型： 古北界

181 灰背燕尾

（何 川 摄）

英 文 名： Slaty-backed Forktail

拉丁学名： *Enicurus schistaceus*

形态特征： 体长约25cm。头顶及背灰色，其余体羽黑白两色，尾长似剪，静立时不断上下摆尾。幼鸟头顶及背青石深褐色，胸部具鳞状斑纹。虹膜褐色；嘴黑色；脚粉红色。

分布状况： 喜马拉雅山脉至中国南部。

生活习性： 栖于林区多砾石、水流湍急的溪流旁。

保护级别： 福建省一般保护野生动物

季 节 型： 留鸟

地 理 型： 东洋界

182 黑喉石䳭

（刘学忠 摄）

（刘学忠 摄）

英 文 名： Siberian Stonechat

拉丁学名： *Saxicola torquata*

形态特征： 体长约14cm。体形丰满，站姿挺立，飞行时常可见翼上有白斑。雄鸟头黑，颈、翼和尾上覆羽有白斑，胸部偏粉红色，秋天黑色部分变成微带褐色。雌鸟和未成年鸟头褐色，眉纹色淡，上体有褐色纵纹，下体微带褐色，尾偏黑色。虹膜深褐色；嘴黑色；脚近黑色。

分布状况： 亚洲东部和中部繁殖，南迁越冬。

生活习性： 偏好开阔耕地、低地灌丛和芦苇覆盖的地方。

保护级别： 福建省一般保护野生动物

季 节 型： 冬候鸟

地 理 型： 古北界

183 灰林䳭

（何　川　摄）

英 文 名： Grey Bushchat

拉丁学名： *Saxicola ferrea*

形态特征： 体长约 16cm。雄鸟具黑色脸罩，眉纹白色显眼，颏及喉白色，上体灰色斑驳；下体近白，烟灰色胸带及至两胁；翼及尾黑色；飞羽及外侧尾羽羽缘灰色，内覆羽白色（飞行时可见）；停息时背羽有褐色缘饰；旧羽灰色重。雌鸟似雄鸟，但褐色取代灰色，腰栗褐。幼鸟似雌鸟，但下体褐色具鳞状斑纹。虹膜深褐；嘴灰色；脚黑色。

分布状况： 喜马拉雅山脉、中国南部及印度支那北部；冬季至亚热带低地。

生活习性： 喜开阔灌丛及耕地，在同一地点长时间停栖。尾摆动。在地面或于飞行中捕捉昆虫。

保护级别： 福建省一般保护野生动物

季 节 型： 留鸟

地 理 型： 东洋界

184 蓝矶鸫

（林 晨 摄）

英 文 名： Blue Rock-Thrush

拉丁学名： *Monticola solitarius*

形态特征： 体长约23cm。亚种 *pandoo* 全身蓝色。亚种 *philipensis* 上体蓝色，腹部及尾下深栗色。雄鸟秋冬时躯体有黑白鳞片，各个中间型都有。雌鸟上体深褐色到灰蓝色，下体有较淡鳞片纹。站姿笔直，常见于显眼石上或屋角，不断轻振尾巴。虹膜褐色；嘴黑色；脚黑色。

分布状况： 中国全国各地繁殖，南徙到菲律宾越冬。

生活习性： 在各种不同的生态环境活动，石滩、荒山、市区均有。常栖于突出位置如岩石、房屋柱子及死树，冲向地面捕捉昆虫。

保护级别： 福建省一般保护野生动物

季 节 型： 留鸟

地 理 型： 古北界

185 紫啸鸫

（黄　淦 摄）

英 文 名： Blue Whistling Thrush

拉丁学名： *Myiophoneus caeruleus*

形态特征： 体长约33cm。通体深紫色，搭配有较浅色的光亮点斑，在阴暗处看则似黑色。不断扇开尾巴。虹膜褐色；嘴黄色或黑色；脚黑色。

分布状况： 土耳其至印度及中国、东南亚、马来半岛、苏门答腊、爪哇。

生活习性： 多见于林区的溪流，也有到开阔地和公园活动。黎明和黄昏活动。

保护级别： 福建省一般保护野生动物

季 节 型： 留鸟

地 理 型： 东洋界

186 乌 鸫

（林 晨 摄）

英 文 名： Eurasian Blackbird

拉丁学名： *Turdus merula*

形态特征： 体长约 28cm。上体黑色至褐黑色，下体褐黑色，喉部颜色稍淡，有时有纵纹。眼圈黄色但有时不明显。虹膜褐色；嘴部黄色到偏褐色都有；脚褐色。

分布状况： 欧亚大陆、北非、印度至中国；越冬至印度支那。中国大部分地区留鸟。

生活习性： 于地面取食，静静地在树叶中翻找无脊椎动物、蠕虫，冬季也吃果实及浆果。

保护级别： 福建省一般保护野生动物

季 节 型： 留鸟

地 理 型： 东洋界

芳草无人花自落，春山一路鸟空啼。——唐·李华《春行即兴》

187 白腹鸫

（何 川 摄）

英 文 名： Pale Thrush

拉丁学名： *Turdus pallidus*

形态特征： 体长约24cm。上体褐色，腹部及臀白色。雄鸟头及喉灰褐色，雌鸟头褐色，喉偏白而略具细纹。虹膜褐色；嘴上嘴灰色，下嘴黄色；脚浅褐。

分布状况： 繁殖于东北亚；冬季南迁至东南亚。

生活习性： 栖于低地森林、次生植被、公园及花园。性胆怯，大部分时间藏于浓密的林下。

保护级别： 福建省一般保护野生动物

季 节 型： 冬候鸟

地 理 型： 古北界

188 斑鸫

（黄 淦 摄）

英 文 名： Dusky Thrush

拉丁学名： *Turdus naumanni*

形态特征： 体长约 24cm。亚种 *eunomus* 尾巴深色，上体褐色，翼上棕红色，有显眼淡色眉纹，下体白色，有浓密黑色较大的斑点，个别有一条或者两条胸带。亚种 *naumanni* 下体橙色，尾栗色。

分布状况： 亚洲东北部繁殖，南迁越冬，包括中国中部和南部。

生活习性： 栖于沼泽地、开阔草地及田野。通常小群出现，偶成大群。

保护级别： 福建省一般保护野生动物

季 节 型： 旅鸟

地 理 型： 古北界

189 虎斑地鸫

（何 川 摄）

英 文 名： Scaly Thrush

拉丁学名： *Zoothera dauma*

形态特征： 体长约30cm。躯体大型，抢眼的金褐色，上体褐色，下体白，躯体上下都有独特的新月形斑块，外侧尾羽黑色但末端白色。虹膜褐色；嘴深褐色；脚带粉色。

分布状况： 亚洲和大洋洲。

生活习性： 栖居茂密森林，于森林地面取食。飞行迅速，高低交替。

保护级别： 福建省一般保护野生动物

季 节 型： 冬候鸟

地 理 型： 古北界

190 棕颈钩嘴鹛

（黄 淦 摄）

英 文 名： Rufous-necked Scimitar Babbler

拉丁学名： *Pomatorhinus ruficollis*

形态特征： 体长约19cm。具白色的长眉纹，眼先黑色，喉白，枕部栗色，胸具栗色纵纹。黄色嘴微向下弯。虹膜褐色；嘴黄色；脚铅褐色。

分布状况： 喜马拉雅山脉、印度支那北部、缅甸北部及西部、中国华中至华南、台湾及海南岛。

生活习性： 通常组成小群。大部分时间在浓密的下层林中活动，有时也出现在较暴露的地方。

保护级别： 福建省一般保护野生动物

季 节 型： 留鸟

地 理 型： 东洋界

观鸟小技巧： 鹛类是画眉亚科鸟类的统称，是鸣禽中喜欢蹿跳、善于藏匿的一类鸟。多数鹛类在森林下层的灌丛、草丛中活动，精于在树丛间跳跃，地面奔走动作灵巧快速；尽管平时颇为吵闹，但察觉有人接近时就立刻鸦雀无声。因此，观察鹛类不仅要眼明手快，还要注意确定鸟所在的位置，控制好与鸟的距离。鹛类喜欢结群活动，一只鸟从某处蹿跳而过，通常其余的鸟也会尾随，如果观察时第一、二只鸟没有看清楚，不要急于用望远镜毫无目的地四处搜寻，较好的办法是盯住刚才鸟活动蹿跳的地点，常常还会有其他个体沿前面的鸟的运动路线移动。小型鹛类和其他一些森林小鸟，容易被独特的声音吸引，如果将嘴唇贴在手背，然后用力吸气发出"吱、吱、吱"的声音，或者用嘴直接发出"啤、啤、啤"的声音，常能够招引胆大好奇的小鸟。

191 画 眉

（江航东 摄）

英 文 名： Hwamei

拉丁学名： *Garrulax canorus*

形态特征： 体长约 25cm。嘴强，嘴缘光滑，嘴须发达。白色的眼圈在眼后延伸成狭窄的眉纹。顶冠及颈背有偏黑色纵纹。足强健，善跳跃。虹膜黄色；嘴偏黄；脚偏黄色。

分布状况： 中国中部、南部至印度北部。常见于灌丛及次生林，高可至海拔 1800m。

生活习性： 常栖息于山沟溪旁的杂灌丛中或竹林中，单独或小群在树冠下觅食，不喜高飞，远飞。鸣声嘹亮，复杂多变。

保护级别： 福建省重点保护野生动物

季 节 型： 留鸟

地 理 型： 东洋界

独怜幽草岸边生，上有黄鹂深树鸣。——唐 · 韦应物《滁州西涧》

192 白颊噪鹛

（何 川 摄）

英 文 名： White-browed Laughingthrush

拉丁学名： *Garrulax sannio*

形态特征： 体长约 25cm。眉纹及下颊纹白色，眼后纹深色，尾栗色，尾下覆羽黄褐色，头顶羽毛有时竖起。虹膜褐色；嘴褐色；脚灰褐。

分布状况： 印度东北部、缅甸北部及东部、中国华中及华南包括海南岛、印度支那北部。

生活习性： 不惧生，通常小群在灌丛和耕地边缘活动。

保护级别： 福建省一般保护野生动物

季 节 型： 留鸟

地 理 型： 东洋界

193 红嘴相思鸟

（林　植　摄）

英 文 名： Red-billed Leiothrix

拉丁学名： *Leiothrix lutea*

形态特征： 体长约15cm。具显眼的红嘴，眼颇大，喉黄色，眼周有黄色块斑。上体橄榄绿，胸橙红色，腹部橙黄。翼略黑，红色和黄色的羽缘在歇息时成明显的翼纹。尾近黑而略分叉。虹膜褐色；嘴红色；脚粉红色。

分布状况： 喜马拉雅山脉、印度阿萨姆、缅甸西部及北部、中国南方及越南北部

生活习性： 吵嚷成群栖于次生林的林下植被，尤其偏好浓密的竹林。鸣声欢快，休息时常紧靠一起相互整理羽毛。

保护级别： 福建省一般保护野生动物

季 节 型： 留鸟

地 理 型： 东洋界

194 灰眶雀鹛

（黄　淦　摄）

英 文 名： Grey-cheeked Fulvetta

拉丁学名： *Alcippe morrisonia*

形态特征： 体长约 14cm。头大、灰色，眼圈白色，深色侧冠纹从显著至几乎缺乏。上体褐色，下体灰皮黄色。虹膜红色；嘴灰色；脚偏粉色。

分布状况： 中国南方及台湾，缅甸东北部、东部，印度支那北部。

生活习性： 好喧闹，常在下层林中集群活动。

保护级别： 福建省一般保护野生动物

季 节 型： 留鸟

地 理 型： 东洋界

195 强脚树莺

（江航东 摄）

英 文 名： Brownish-flanked Bush-War

拉丁学名： *Cettia fortipes*

形态特征： 体长约 12cm。白色眉纹短而不明显，上体、胸部两侧和胁部均匀深褐色，头顶有时沾赤褐色，腹部白色而略带黄色。虹膜褐色；上嘴深褐，下嘴基色浅；脚肉棕色。

分布状况： 喜马拉雅山脉至中国南方、东南亚及大巽他群岛。

保护级别： 福建省一般保护野生动物

季 节 型： 留鸟

地 理 型： 东洋界

196 褐柳莺

（黄 淦 摄）

英 文 名： Dusky Warbler

拉丁学名： *Phylloscopus fuscatus*

形态特征： 体长约11cm。眉纹偏白明显，嘴细小，腿细长。上体灰褐色，飞羽有橄榄绿色的翼缘。下体偏白，胸及两胁沾黄褐。两翼短圆，尾圆而略凹。虹膜褐色；上嘴色深，下嘴偏黄；脚偏褐。

分布状况： 繁殖于亚洲北部、西伯利亚、蒙古北部、中国北部及东部，冬季迁徙至中国南方、东南亚、印度支那及喜马拉雅山麓。

生活习性： 隐匿于沿溪流、沼泽周围及森林中潮湿灌丛的浓密低植被之下，高可上至海拔4000m。站立时翘尾并轻弹尾及两翼。

保护级别： 福建省一般保护野生动物

季 节 型： 冬候鸟

地 理 型： 古北界

春眠不觉晓，处处闻啼鸟。——唐·孟浩然《春晓》

197 黄眉柳莺

（林 晨 摄）

英 文 名： Yellow-browed Warbler

拉丁学名： *Phylloscopus inornatus*

形态特征： 体长约 11cm。具显眼的乳白色眉纹，上体鲜艳橄榄绿色，通常具两道明显的近白色翼斑，三级飞羽羽端白色，下体色彩从白色变至黄绿色。虹膜褐色；上嘴色深，下嘴基黄色；脚粉褐色。

分布状况： 繁殖于亚洲北部及中国东北地区；冬季南迁至印度、东南亚及马来半岛。

生活习性： 性活泼，常结群且与其他小型食虫鸟类混合，栖于森林的中上层。

保护级别： 福建省一般保护野生动物

季 节 型： 冬候鸟

地 理 型： 古北界

留连戏蝶时时舞，自在娇莺恰恰啼。——唐·杜甫《江畔独步寻花》

198 黄腰柳莺

（何　川　摄）

英 文 名： Yellow-rumped Warbler

拉丁学名： *Phylloscopus proregulus*

形态特征： 体长约 10cm。具黄色的眉纹和冠纹，上体鲜绿色，腰部黄色，具两道浅色翼斑；下体灰白，臀及尾下覆羽沾浅黄；新换的体羽眼先为橘黄色。虹膜褐色；嘴黑色，嘴基橙黄色；脚粉红色。

分布状况： 繁殖于亚洲北部；越冬在印度、中国南方及印度支那北部。

生活习性： 栖于亚高山林，夏季高可至海拔 4200m 的林线。越冬在低地林区及灌丛。时常定点振翅，十分活跃，有时组成小群。

保护级别： 福建省一般保护野生动物

季 节 型： 冬候鸟

地 理 型： 古北界

199 极北柳莺

（刘学忠 摄）

英 文 名： Arctic Warbler

拉丁学名： *Phylloscopus borealis*

形态特征： 体长约12cm。白色眉纹长且显眼，上体深橄榄色，具甚浅的白色翼斑，中覆羽羽尖成第二道模糊的翼斑；下体略白，两胁褐橄榄色；眼先及过眼纹近黑色。虹膜深褐色；上嘴深褐色，下嘴黄色；脚褐色。

分布状况： 繁殖于欧洲北部、亚洲北部及阿拉斯加；冬季南迁至中国南方、东南亚、菲律宾及印度尼西亚。

生活习性： 喜开阔原野的矮树林和林区。加入混合鸟群，在树叶间寻食。

保护级别： 福建省一般保护野生动物

季 节 型： 冬候鸟

地 理 型： 古北界

200 戴菊

（陈加盛 摄）

英 文 名： Goldcrest

拉丁学名： *Regulus regulus*

形态特征： 体长约 10cm。冠纹鲜明黄色，雄鸟冠纹中央橙红色，白色粗眼圈。上体全橄榄绿至黄绿色，翼部黑白两色；下体偏灰或淡黄白色，两胁黄绿。幼鸟无头顶冠纹，与部分 *Phylloscopus* 属柳莺可能混淆，但无过眼纹或眉纹，且头大，眼周灰色，眼小似珠。虹膜深褐；嘴黑色；脚偏褐。

分布状况： 从欧洲至西伯利亚及日本，包括中亚、喜马拉雅山脉及中国。

生活习性： 通常独栖于针叶林的林冠下层。

保护级别： 福建省一般保护野生动物

季 节 型： 冬候鸟

地 理 型： 古北界

201 棕脸鹟莺

（林 植 摄）

英 文 名： Rufous-faced Warbler

拉丁学名： *Abroscopus albogularis*

形态特征： 体长约10cm。色彩亮丽，头栗色，具黑色侧冠纹。上体绿，腰黄色。下体白，颏及喉杂黑色点斑，上胸沾黄。虹膜褐色；上嘴色暗，下嘴色浅；脚粉褐色。

分布状况： 尼泊尔至中国南方及台湾、缅甸、印度支那北部。

生活习性： 栖于常绿林及竹林密丛。

保护级别： 福建省一般保护野生动物

季 节 型： 留鸟

地 理 型： 东洋界

202 长尾缝叶莺

（黄　淦　摄）

英 文 名： Common Tailorbird

拉丁学名： *Orthotomus sutorius*

形态特征： 体长约 12cm。额及前顶冠棕色，眼先及头侧近白，后顶冠及颈背偏灰；背、两翼及尾橄榄绿色，下体白而两肋灰色。尾长而常上扬；繁殖期的雄鸟中央尾羽由于换羽而更显延长。虹膜浅皮黄；上嘴黑色，下嘴偏粉色；脚粉灰色。

分布状况： 印度至中国、东南亚及爪哇。

生活习性： 多见于稀疏林、次生林及林园。性活泼，不停地运动或发出刺耳尖叫声。常隐匿于林下层且多在浓密覆盖之下。

保护级别： 福建省一般保护野生动物

季 节 型： 留鸟

地 理 型： 东洋界

203 褐头鹪莺

（何 川 摄）

英 文 名： Plain Prinia

拉丁学名： *Prinia subflava*

形态特征： 体长约 15cm。眉纹色浅，延展到眼后，上体暗灰褐，下体淡皮黄色至偏红，尾长，尾部很多时候竖起。虹膜浅褐；嘴近黑；脚粉红。

分布状况： 印度、中国、东南亚。

生活习性： 栖高草丛、芦苇地、沼泽、玉米地及稻田。结小群活动于树上、草茎间，在飞行时鸣叫。

保护级别： 福建省一般保护野生动物

季 节 型： 留鸟

地 理 型： 东洋界

204 黄腹鹪莺

（唐庆圆 摄）

（黄 淦 摄）

英 文 名：Yellow-bellied Prinia

拉丁学名：*Prinia flaviventris*

形态特征：体长约13cm。头石板灰色，有时具浅淡近白的短眉纹；上体橄榄绿色；喉及前胸白色，下胸及腹部黄色；尾长，尾部很多时候竖起，但繁殖期尾较短。虹膜浅褐；上嘴黑色至褐色；下嘴浅色；脚橘黄。

分布状况：巴基斯坦至中国南方、东南亚及大巽他群岛。我国分布于广西、广东、海南、福建、台湾、贵州。

生活习性：栖于芦苇沼泽、高草地及灌丛。甚惧生，藏匿于高草或芦苇中，仅在鸣叫时栖于高秆。扑翼时发出清脆声响。

保护级别：福建省一般保护野生动物

季 节 型：留鸟

地 理 型：东洋界

205 鸲鹟

（江航东 摄）

英 文 名：Mugimaki Flycatcher

拉丁学名：*Ficedula mugimaki*

形态特征：体长约 13cm。雄鸟狭窄的白色眉纹于眼后，上体灰黑，翼上具明显的白斑，尾基部羽缘白色，喉、胸及腹侧橘黄，腹中心及尾下覆羽白色。雌鸟上体包括腰褐色，下体似雄鸟但色淡，尾无白色。亚成鸟上体全褐色，下体及翼纹皮黄色，腹白。虹膜深褐色；嘴暗角质色；脚深褐色。

分布状况：繁殖于亚洲北部；冬季南迁至东南亚、菲律宾、苏拉威西岛及大巽他群岛。

生活习性：喜林缘地带、林间空地及山区森林。尾常抽动并扇开。

保护级别：福建省一般保护野生动物

季 节 型：旅鸟

地 理 型：古北界

206 乌鹟

（刘学忠 摄）

（刘学忠 摄）

英 文 名： Sooty Flycatcher

拉丁学名： *Muscicapa sibirica*

形态特征： 体长约13cm。白色眼圈明显，喉白，通常具白色的半颈环，下脸颊具黑色细纹；上体深灰，翼上具不明显皮黄色斑纹，下体白色，两胁深色具烟灰色杂斑，上胸具灰褐色模糊带斑；静立时，翼长至尾的2/3。亚成鸟脸及背部具白色点斑。虹膜深褐；嘴黑色；脚黑色。

分布状况： 繁殖于东北亚及喜马拉雅山脉；冬季迁徙至中国南方、巴拉望岛、东南亚及大巽他群岛。

生活习性： 经常在开阔林区显眼处站立。

保护级别： 福建省一般保护野生动物

季 节 型： 旅鸟

地 理 型： 古北界

荡胸生层云，决眦入归鸟。——唐·杜甫《望岳》

207 北灰鹟

（林 植 摄）

英 文 名： Asian Brown Flycatcher

拉丁学名： *Muscicapa latirostris*

形态特征： 体长约13cm。眼圈白色，冬季眼先偏白色。上体灰褐，下体偏白，胸侧及两胁褐灰。静立时，翼尖延至尾的中部。新羽的鸟具狭窄白色翼斑。虹膜褐色；嘴黑色，下嘴基黄色；脚黑色。

分布状况： 亚洲东部繁殖，东南部越冬。

生活习性： 在稀疏林区树冠层下面活动，站立于颇显眼处。从栖处捕食昆虫，回至栖处后尾作独特的颤动。

保护级别： 福建省一般保护野生动物

季 节 型： 旅鸟

地 理 型： 古北界

208 寿带［鸟］

（陈加盛 摄）

英 文 名：Asian Paradise-Flycatcher

拉丁学名：*Terpsiphone paradisi*

形态特征：体长约 21cm（雄鸟计尾长再加多达 25cm），嘴和眼圈蓝色。雄鸟易辨，一对中央尾羽在尾后特形延长，可达 25cm。有两种色型：红棕色型的雄鸟头闪辉黑色，冠羽显著，上体栗色，闪烁着紫铜色辉光。下体胸部苍灰色，腹白色；白色型除头部蓝黑色外，均为纯白色。雌鸟棕褐，头闪辉黑色，尾羽红棕褐色无延长。虹膜褐色；眼周裸露皮肤蓝色；嘴蓝色，嘴端黑色；脚蓝色。

分布状况：土耳其、印度、中国、东南亚及巽他群岛。

生活习性：常栖息于浅山丘陵地区的杂灌丛和竹林中，或山沟小溪两旁的阔叶林内。雄鸟飞行缓慢，鸣声清脆嘹亮，悦耳动听。

保护级别：福建省重点保护野生动物

季 节 型：夏候鸟

地 理 型：古北界

209 紫寿带［鸟］

（陈加盛 摄）

（陈加盛 摄）

英 文 名： Japanese Paradise-Flycatcher

拉丁学名： *Terpsiphone atrocaudata*

形态特征： 体长约20cm（雄鸟计尾长可达45cm）。雄鸟头部和冠羽黑色，眼圈蓝色。背紫色，胸部深灰色，腹部白色，下体灰白分界明显。尾黑色。雌鸟似雌寿带鸟，但颜色较深，头顶色彩较暗且无金属光泽，尾深褐色。虹膜深褐；眼周裸露皮肤蓝色；嘴蓝色；脚偏蓝。

分布状况： 繁殖于日本、朝鲜及中国台湾；越冬在东南亚。

生活习性： 似寿带。

保护级别： 福建省重点保护野生动物

季 节 型： 旅鸟

地 理 型： 古北界

210 大山雀

（何　川　摄）

英 文 名： Great Tit

拉丁学名： *Parus major*

形态特征： 体长约14cm。头及喉黑色，与脸侧白斑及颈背块斑成强对比；翼上具一道醒目的白色条纹，一道黑色带沿胸中央而下。雄鸟胸带较宽，幼鸟胸带减为胸兜。虹膜暗棕色；嘴黑色，下腭基部色浅；脚深灰色。

分布状况： 印度、中国、日本、东南亚至大巽他群岛。

生活习性： 常光顾红树林，各种林地、果园、公园常见。性活跃，多技能，时在树顶时在地面。成对或成小群。

保护级别： 福建省一般保护野生动物

季 节 型： 留鸟

地 理 型： 古北界

月出惊山鸟，时鸣春涧中。——唐·王维《鸟鸣涧》

211 红头 [长尾] 山雀

（何　川　摄）

（何　川　摄）

英 文 名： Black-throated (long-tailed) Tit

拉丁学名： *Aegithalos concinnus*

形态特征： 体长约 10cm。头顶及颈背棕色，过眼纹宽而黑，颏及喉白且具黑色圆形胸兜，下体白而具不同程度的栗色。幼鸟头顶色浅，喉白，具狭窄的黑色项纹。虹膜黄色；嘴黑色；脚橘黄。

分布状况： 喜马拉雅山脉、缅甸、印度支那、中国华南及华中地区。

生活习性： 性活泼，结大群，常与其他种类混群。

保护级别： 福建省一般保护野生动物

季 节 型： 留鸟

地 理 型： 东洋界

212 红胸啄花鸟

（林 晨 摄）

英 文 名： Fire-breasted Flowerpecker

拉丁学名： *Dicaeum ignipectus*

形态特征： 体长约 9cm。雄鸟上体闪辉深绿蓝色，下体皮黄，胸具猩红色的块斑，一道狭窄的黑色纵纹沿腹部而下。雌鸟下体赭皮黄色。虹膜褐色；嘴及脚黑色。

分布状况： 喜马拉雅山脉、中国南方、东南亚及苏门答腊。

生活习性： 高地森林繁殖，冬季迁徙到较低海拔地方。

保护级别： 福建省一般保护野生动物

季 节 型： 留鸟

地 理 型： 东洋界

213 叉尾太阳鸟

（何 川 摄）

英 文 名： Fork-tailed Sunbird

拉丁学名： *Aethopyga christinae*

形态特征： 体长约 9cm。雄鸟头部光亮金属蓝绿色，喉和上胸深绯红色（光线不足时看似黑色），上体橄榄色或近黑，腰黄。尾上覆羽及中央尾羽闪辉金属绿色，中央两尾羽有尖细的延长，外侧尾羽黑色而端白。雌鸟上体橄榄色，下体浅绿黄色。虹膜褐色；嘴黑色；脚黑色。

分布状况： 中国南方（包括海南岛）及越南。

生活习性： 栖于森林及有林地区甚至城镇，常光顾开花的矮丛及树木。

保护级别： 福建省一般保护野生动物

季 节 型： 留鸟

地 理 型： 东洋界

（何 川 摄）

214 暗绿绣眼鸟

（何 川 摄）

英 文 名： Japanese White-eye

拉丁学名： *Zosterops japonica*

形态特征： 体长约 10cm。具明显的白色眼圈，上体鲜绿色，喉及臀部黄色。胸及两胁灰，腹白。虹膜浅褐；嘴灰色；脚偏灰。

分布状况： 中国、日本、缅甸及越南北部。

生活习性： 性活泼而喧闹，于树顶觅食小型昆虫、小浆果及花蜜。繁殖季节，在小枝上用草筑成杯状巢。

保护级别： 福建省一般保护野生动物

季 节 型： 留鸟

地 理 型： 东洋界

215 红胁绣眼鸟

（刘学忠 摄）

（刘学忠 摄）

英 文 名： Chestnut-flanked White-eye

拉丁学名： *Zosterops erythropleura*

形态特征： 体长约12cm。具明显的白色眼圈，喉及臀部黄色。与暗绿绣眼鸟的区别在上体灰色较多，两胁栗色（有时不显露），下腭色较淡，黄色的喉斑较小，头顶无黄色。虹膜红褐；嘴橄榄色；脚灰色。

分布状况： 东亚、中国华东、华南地区及印度支那。

生活习性： 有时与暗绿绣眼鸟混群。

保护级别： 福建省一般保护野生动物

季 节 型： 旅鸟

地 理 型： 东洋界

216 麻 雀

（刘学忠 摄）

（刘学忠 摄）

英 文 名： Tree Sparrow

拉丁学名： *Passer montanus*

形态特征： 体长约14cm。躯体短圆，顶冠及颈背褐色，脸颊具明显黑色点斑，雌雄同色。成鸟上体近褐，下体皮黄灰色，颈背具完整的灰白色领环。幼鸟似成鸟但色较暗淡。嘴基黄色。虹膜深褐色；嘴黑色；脚粉褐色。

分布状况： 欧洲、中东、中亚和东亚、喜马拉雅山脉及东南亚。

生活习性： 栖于有稀疏树木的地区、村庄、农田及城镇。

保护级别： 福建省一般保护野生动物

季 节 型： 留鸟

地 理 型： 东洋界

217 白腰文鸟

（林　晨 摄）

英 文 名： White-rumped Munia

拉丁学名： *Lonchura striata*

形态特征： 体长约 11cm。上体深褐，尾尖、黑色，背上有白色纵纹，下体具细小的皮黄色鳞状斑及细纹。腰白，腹部皮黄白。亚成鸟色较淡，腰皮黄色。虹膜褐色；嘴及脚灰色。

分布状况： 印度、中国南方、东南亚及苏门答腊。

生活习性： 常见于低海拔的林缘、次生灌丛、农田及花园，高可至海拔 1600m。性喧闹吵嚷，结小群生活。

保护级别： 福建省一般保护野生动物

季 节 型： 留鸟

地 理 型： 东洋界

218 斑文鸟

（唐庆圆 摄）

英 文 名： Scaly-breasted Munia

拉丁学名： *Lonchura punctulata*

形态特征： 体长约 11cm。喉红褐，胸及两胁具深褐色鳞状斑，上体褐色，羽轴白色而成纵纹，下体白。亚成鸟下体浓皮黄色而无鳞状斑。虹膜红褐色；嘴蓝灰色；脚灰黑色。

分布状况： 印度、中国南方、菲律宾、东南亚、巽他群岛及苏拉威西岛。

生活习性： 常光顾耕地、稻田、花园及次生灌丛等环境的开阔多草地块。组成密集群体飞行，颇似蜂群，飞行时不断发出叫声。具典型的文鸟摆尾习性且活泼好飞。

保护级别： 福建省一般保护野生动物

季 节 型： 留鸟

地 理 型： 东洋界

山光悦鸟性，潭影空人心。——唐·常建《题破山寺后禅院》

219 金翅雀

（何　川　摄）

（张　浩　摄）

英 文 名： Grey-capped Greenfinch

拉丁学名： *Carduelis sinica*

形态特征： 体长约13cm。具宽阔的黄色翼斑。成体雄鸟顶冠及颈背灰色，背纯褐色，翼斑、外侧尾羽基部及臀黄。雌鸟色暗，幼鸟色淡且多纵纹。虹膜深褐色；嘴偏粉；脚粉褐色。

分布状况： 西伯利亚东南部、蒙古、日本、中国东部、越南。

生活习性： 栖于灌丛、旷野、人工林、林园及林缘地带，高可至海拔2400m。食物主要是树木和杂草的种子，也可用谷物和昆虫充饥。

保护级别： 福建省一般保护野生动物

季 节 型： 留鸟

地 理 型： 东洋界

220 黑头蜡嘴雀

（刘学忠 摄）

（刘学忠 摄）

英 文 名： Japanese Grosbeak

拉丁学名： *Eophona personata*

形态特征： 体长约23cm。嘴黄色、硕大，雄雌同色。头部黑色少，仅有狭窄的眼罩。初级飞羽近端处具白色的小块斑，臀近灰色。幼鸟褐色较重，具两道皮黄色翼斑。虹膜深褐；嘴黄色；脚粉褐色。

分布状况： 繁殖于西伯利亚东部、中国东北、朝鲜及日本；越冬至中国南方。

生活习性： 喜低地，通常结小群活动，甚惧生而安静。

保护级别： 福建省一般保护野生动物

季 节 型： 冬候鸟

地 理 型： 古北界

江雨霏霏江草齐，六朝如梦鸟空啼。——唐·韦庄《台城》

221 黑尾蜡嘴雀

（黄　淦　摄）

（杨　金　摄）

英 文 名： Yellow-billed Grosbeak

拉丁学名： *Eophona migratoria*

形态特征： 体长约20cm。黄色的嘴硕大而端黑。繁殖期雄鸟黑色头罩显眼，体灰色，两翼近黑色，初级飞羽、三级飞羽及初级覆羽羽端白色，喙为粗壮的圆锥形，呈蜡黄色。雌鸟头部没有发亮黑色，翼上白色较少。幼鸟似雌鸟但褐色较重。虹膜褐色；嘴深黄而端黑；脚粉褐色。

分布状况： 亚洲东部。

生活习性： 见于有稀疏树木的开阔原野。

保护级别： 福建省一般保护野生动物

季 节 型： 冬候鸟

地 理 型： 古北界

222 锡嘴雀

（刘学忠 摄）

英 文 名： Hawfinch

拉丁学名： *Coccothraustes coccothraustes*

形态特征： 体长约 18cm。嘴特大而尾较短，具粗显的白色宽肩斑。成鸟具狭窄的黑色眼罩；两翼闪辉蓝黑色（雌鸟灰色较重），初级飞羽上端非同寻常地弯而尖；尾褐色而略凹，尾端白色狭窄，外侧尾羽具黑色次端斑；两翼的黑白色图纹上下两面均清楚。幼鸟似成鸟但色较深且下体具深色的小点斑及纵纹。虹膜褐色；嘴角质色至近黑；脚粉褐色。

分布状况： 中国东部和中部越冬。

生活习性： 成对或结小群栖于林地、花园及果园，高可至海拔 3000m。通常惧生而安静。

保护级别： 福建省一般保护野生动物

季 节 型： 冬候鸟

地 理 型： 古北界

223 灰头鹀

（何 川 摄）

英 文 名： Black-faced Bunting

拉丁学名： *Emberiza spodocephala*

形态特征： 体长约 14cm。指名亚种繁殖期雄鸟的头、颈背及喉灰，眼先及颏黑；上体余部浓栗色而具明显的黑色纵纹；下体浅黄或近白；肩部具一白斑，尾色深而带白色边缘。雌鸟及冬季雄鸟头橄榄色，过眼纹及耳覆羽下的月牙形斑纹黄色。虹膜深栗褐；上嘴近黑并具浅色边缘，下嘴偏粉色且嘴端深色；脚粉褐色。

分布状况： 繁殖于西伯利亚、日本、中国东北及中西部，越冬至中国南方。

生活习性： 不断地弹尾以显露外侧尾羽的白色羽缘。越冬于芦苇地、灌丛及林缘。

保护级别： 福建省一般保护野生动物

季 节 型： 冬候鸟

地 理 型： 古北界

感时花溅泪，恨别鸟惊心。——唐·杜甫《春望》

224 三道眉草鹀

（何 川 摄）

英 文 名： Meadow Bunting

拉丁学名： *Emberiza cioides*

形态特征： 体长约16cm。具醒目的黑白色头部图纹和栗色的胸带，以及白色的眉纹、上髭纹并颏及喉。繁殖期雄鸟脸部有别致的褐色及黑白色图纹，胸栗，腰棕。雌鸟色较淡，眉线及下颊纹皮黄，胸浓皮黄色。幼鸟色淡且多细纵纹。虹膜深褐；上嘴色深，下嘴蓝灰而嘴端色深；脚粉褐色。

分布状况： 中国全境各地繁殖。

生活习性： 栖居高山丘陵的开阔灌丛及林缘地带，冬季下至较低的平原地区。

保护级别： 福建省一般保护野生动物

季 节 型： 留鸟

地 理 型： 东洋界

225 小鹀

（何 川 摄）

英 文 名： Little Bunting

拉丁学名： *Emberiza pusilla*

形态特征： 体长约13cm。头具条纹，雄雌同色。繁殖期成鸟体小而头具黑色和栗色条纹，眼圈色浅。冬季雄雌两性耳羽及顶冠纹暗栗色，颊纹及耳羽边缘灰黑，眉纹及第二道下颊纹暗皮黄褐色。上体褐色而带深色纵纹，下体偏白，胸及两胁有黑色纵纹。虹膜深红褐；嘴灰色；脚红褐色。

分布状况： 繁殖在欧洲极北部及亚洲北部；冬季南迁至印度东北部、中国及东南亚。

生活习性： 栖山地、丘陵、平原和芦苇地。群体较分散，常与树鹨、麻雀等混群。

保护级别： 福建省一般保护野生动物

季 节 型： 冬候鸟

地 理 型： 古北界

226 芦 鹀

（陈加盛 摄）

英 文 名： Reed Bunting

拉丁学名： *Emberiza schoeniclus*

形态特征： 体长约 15cm。雄鸟成体黑色的头和颈之间有白色腭纹分开，领纹鲜明白色，上体锈褐色有黑色纵纹，披非繁殖羽时，头部保留部分黑色，不过大部分变成褐色，通常有一条淡色眉纹。雌鸟及未成年鸟头部褐色，有淡贯眼纹和偏白腭纹，背褐色有黑色和沾白色纵纹，腰色淡，下体污白色，胁部有锈色纵纹。虹膜栗褐；嘴黑色；脚深褐至粉褐。

分布状况： 古北界。

生活习性： 栖于高芦苇地，但冬季也在林地、田野及开阔原野取食。

保护级别： 福建省一般保护野生动物

季 节 型： 冬候鸟

地 理 型： 古北界

风暖鸟声碎，日高花影重。——唐·杜荀鹤《春宫怨》

参考文献

1．马敬能、菲利普斯、何芬奇等著．中国鸟类野外手册．PDA版．

2．刘荣成，林宏斌．编著．2008．惠安常见树木．北京：中国林业出版社．

3．马建章．2002．中国野生动物保护实用手册．北京：科学技术文献出版社．

4．厦门林业局，厦门野生植物保护协会观鸟分会．2006．厦门鸟类图册．

5．尹琏，费嘉伦，林超英．1994．香港及华南鸟类．香港正文府印务局．

6．郑作新．2000．中国鸟类种和亚种分类名录大全．北京：科学出版社．

中文名称索引

（按笔画排序）

二画

三画

四画

五画

六画

十三画

十四画以上

中文名称索引

（按拼音排序）

拉丁学名索引